21世纪中等职业教育特色精品课程规划教材

中等职业教育课程改革项目研究成果

U0128879

AutoCAD 实操与实训

主　编　曹　敏　张学津
副主编　张绍军　于　兵　孙俊涛

北京理工大学出版社
BEIJING INSTITUTE OF TECHNOLOGY PRESS

内 容 提 要

全书以"轻松上手"、"实例为主"为编写理念,使初学者能够方便、快捷地学会利用 AutoCAD 绘制机械工程图,并通过对范例的学习,快速掌握 AutoCAD 在机械绘图中的应用方法和技巧。

本书可作为中职院校机械 CAD、计算机绘图等课程的教材,对于有一定基础的机械设计与绘图人员也有一定的参考价值。

图书在版编目(CIP)数据

AutoCAD 实操与实训/曹敏,张学津主编. —北京:北京理工大学出版社,2009.9
ISBN 978 – 7 – 5640 – 2079 – 8

Ⅰ. A… Ⅱ. ①曹…②张… Ⅲ. 计算机辅助设计 – 应用软件,AutoCAD 2010 – 专业学校 – 教材 Ⅳ. TP391.72

中国版本图书馆 CIP 数据核字(2009)第 167232 号

出版发行/北京理工大学出版社
社　　址/北京市海淀区中关村南大街 5 号
邮　　编/100081
电　　话/(010) 68914775(办公室)　　68944990(批销中心)　　68911084(读者服务部)
网　　址/http://www.bitpress.com.cn
经　　销/全国各地新华书店
印　　刷/北京通县华龙印刷厂
开　　本/787 毫米×1092 毫米　1/16
印　　张/8
字　　数/205 千字
版　　次/2009 年 9 月第 1 版　2009 年 9 月第 1 次印刷　　　　　　　　责任校对/陈玉梅
定　　价/15.00 元　　　　　　　　　　　　　　　　　　　　　　　责任印制/母长新

图书出现印装质量问题,本社负责调换

出 版 说 明

中等职业教育是以培养具有较强实践能力,面向生产、面向服务和管理第一线职业岗位的实用型、技能型专门人才为目的的职业技术教育,是职业技术教育的初级阶段。目前,中等职业教育教学改革已经从专业建设、课程建设延伸到了教材建设层面。根据教育部关于要求发展中等职业技术教育,培养职业技术人才的大纲要求,北京理工大学出版社组织编写了《21世纪中等职业教育特色精品课程规划教材》。该系列教材是中等职业教育课程改革项目研究成果。坚持以能力为本位,以就业为导向,以服务学生职业生涯发展为目标的指导思想。主要从以下三个角度切入:

1. 从专业建设角度

该系列教材摒弃了传统普通高等教育和传统职业教育"学科性专业"的束缚,致力于中等职业教育"技术性专业"。主体内容由与一线技术工作相关联的岗位有关知识所构成,充分体现职业技术岗位的有效性、综合性和发展性,使得该系列教材不但追求学科上的完整性、系统性和逻辑性,而且突出知识的实用性、综合性,把职业岗位所需要的知识和实践能力的培养融于一炉。

2. 从课程建设角度

该系列教材规避了现有的中等职业教育教材内容上的"重理论轻实践"、"重原理轻案例",教学方法上的"重传授轻参与"、"重课堂轻现场",考核评价上的"重知识的记忆轻能力的掌握"、"重终结性的考试轻形成性考核"的倾向,力求在整体教材内容体系以及具体教学方法指导、练习与思考等栏目中融入足够的实训内容,加强实践性教学环节,注重案例教学和能力的培养,使职业能力的提升贯穿于教学的全过程。

3. 从人才培养模式角度

该系列教材为了切合中等职业教育人才培养的产学结合、工学交替培养模式,注重有学就有练、学完就能练、边学边练的同步教学,吸纳新技术引用、生产案例等情景来激活课堂。同时,为了结合学生将来因为岗位或职业的变动而需要不断学习的实际,注重对新知识、新工艺、新方法、新标准引入,在培养学生创造能力和自我学习能力的培养基础上,力争实现学生毕业与就业上岗的零距离。

为了贯彻和落实上述指导思想,在本系列教材的内容编写上,我们坚持以下一些原则:

1. 适应性原则

在进行广泛的社会调查基础上,根据当今国家的政策法规、经济体制、产业结构、技术进步和管理水平对人才的结构需求来确定教材内容。依靠专业自身基础条件和发展的可行性，以相关行业和区域经济状况为依托，特别强调面向岗位群体的指向性，淡化行业界限、看重市场选择的用人趋势，保证学生的岗位适应能力得到训练，使其有较强的择业能力，从而使教材有活力、有质量。

2. 特色性原则

在调整原有专业内容和设置专业新兴内容时，注意保留和优化原有的、至今仍适应社会需求的内容，但随着社会发展和科技进步，及时充实和重点落实与专业相关的新内容。"特色"主要是体现为"人无我有"，"人有我精"或"众有我新"，科学预测人才需求远景和人才培养的周期性，以适当超前性专业技术来引领教材的时代性。结合一些一线工作的实际需要和一些地方用人单位的区域资源优势、支柱产业及其发展方向，参考发达地区的发展历程，力争做到专业课内容的成熟期与人才需求的高峰期相一致。

3. 宽口径性原则

拓宽教材基础是提高专业适应性的重要保证之一。市场体制下的人才结构变化加快，科技迅猛发展引起技术手段不断更新，用人机制的改革使人才转岗频繁，由此要求大部分专门人才应是"复合型"的。具体课程内容应是当宽则宽，当窄则窄。在紧扣本专业课内容基础上延伸或派生出一些适应需求的与其他专业课相关的综合技能。既满足了社会需求又充分锻炼学生的综合能力，挖掘了其潜力。

4. 稳定性和灵活性原则

中职职业教育的专业课程都有其内核的稳定性，这种内核主要是体现在其基本理论，基础知识等方面。通过稳定性形成专业课程教材的专业性特点，但同时以灵活的手段结合目标教学和任务教学的形式，设置与生产实践相切合的项目，推进教材教学与实际工作岗位对接。

为了更好地落实本教材的指导思想和编写原则，教材的编写者都是既有一定的教学经验、懂得教学规律，又有较强实践技能的专家，他们分别是：相关学科领域的专家；中等职业教育科研带头人；教学一线的高级教师。同时邀请众多行业协会合作参与编写，将理论性与实践性高度统一，打造精品教材。另外，还聘请生产一线的技术专家来审读修订稿件，以确保教材的实用性、先进性、技术性。

总之，该系列教材是所有参与编写者辛勤劳作和不懈努力的成果，希望本系列教材能为职业教育的提高和发展作出贡献。

北京理工大学出版社

前　言

职业教育培养的是面向生产的技术型人才。随着信息技术在各个领域的迅速渗透，CAD/CAM 技术已经得到广泛的应用。对于带动整个产业结构变革、发展新兴技术、促进经济增长都具有十分重要的意义。AutoCAD 是由美国 Autodesk 欧特克公司于 20 世纪 80 年代初为微机上应用 CAD 技术而开发的绘图程序软件包，经过不断地完善，现已经成为国际上广为流行的绘图工具。它具有良好的用户界面，通过交互菜单或命令行方式便可以进行各种操作。它的多文档设计环境，让非计算机专业人员也能很快地学会使用。在不断实践的过程中更好地掌握它的各种应用和开发技巧，从而不断提高工作效率。

AutoCAD 具有广泛的适应性，它可以在各种操作系统支持的微型计算机和工作站上运行，并支持分辨率由 320×200 到 2048×1024 的各种图形显示设备 40 多种，以及数字仪和鼠标器 30 多种，绘图仪和打印机数十种，这就为 AutoCAD 的普及创造了条件。最早应用 CAD 技术的是机械行业，也是目前使用最广泛的领域。随着加工技术的改进，CAD 技术已经逐渐应用于机械、建筑、电子、航天、造船、石油化工、地质、气象、纺织、商业等领域。世界各大加工制造业巨头都广泛采用 CAD/CAM/CAM 技术进行产品设计，并投入资金进行技术开发，以保持自己的领先地位和市场优势。CAD 的应用不但提高了设计质量，缩短了工程周期，还节约了大量的投资资金。AutoCAD 已成为广大工程技术人员的必备工具。

当然仅仅知道软件操作是不够的，只有将计算机技术与工程实际结合起来才能真正达到提高工程效益的目的。本书根据 AutoCAD 的实际应用性，以软件功能和应用案例并行介绍的方式带领你一步一步地掌握 AutoCAD。本书结合大量机械绘图实例，系统地介绍了 AutoCAD 的强大绘图功能及其在机械绘图中的应用方法和技巧。由绘图基础知识入门开始，由易到难，由浅入深地介绍了整个绘图工作流程。在基础介绍中又结合了一些操作性实例，将计算机操作与实际相结合，提高了本书的实用性。在每一章节中，为了让你更好地理解和应用，均采用了实用案例式的讲解，同时配带简洁明了的步骤说明，使你在案例制作过程中理解各种命令、工具的用法以及各种参数的含义。书中均穿插设计了一些小锦囊，以帮助初学者掌握一些操作技巧，不但能让你学会软件的应用，而且还要将作者多年积累的制作经验和设计心得奉献给你，帮助你更上一层楼。各章最后均配有习题，让读者在阅读的同时能够得到相应知识的练习。全书共7个模块，主要包括 AutoCAD 基本操作、二维图形的绘制及编辑、文字和尺寸标注、零件图的绘制、实体模型的创建以及图形输出。

全书以"轻松上手"、"实例为主"为编写理念，使初学者能够方便、快捷地学会利用 AutoCAD 绘制机械工程图，并通过对范例的学习，快速掌握 Auto-CAD 在机械绘图中的应用方法和技巧。

本书可作为中职类机械 CAD、计算机绘图等课程的教材，对于有一定基础的机械设计与绘图人员也有一定的参考价值。

本书内容丰富，注重实践，语言通俗易懂，是一本具有实用价值的书籍。由于时间仓促，加之编者水平有限，书中错误和不妥之处在所难免，敬请广大读者批评指正。

编　者

目　　录

模块一

AutoCAD 基础知识

本章概述

本章将简述计算机绘图的概念，然后介绍 AutoCAD 的工作界面、系统绘图环境的设置方法及 AutoCAD 的操作基础等。

教学目标

1. 了解计算机绘图，熟悉 AutoCAD 的工作界面。

2. 学会一些基础操作，包括：捕捉和栅格、对象捕捉与对象追踪、绝对坐标与相对坐标的使用、视图缩放、视图平移、重画和重生成等。

* * * * * * * * * * * *

项目一　计算机辅助绘图简介

AutoCAD 是美国 Autodesk 公司推出的，集二维绘图、三维设计、渲染及通用数据库管理和互联网通信功能为一体的计算机辅助绘图软件包。CAD 技术的基本原理是把组成空间物体的几何要素（点、线、面、体）通过解析几何、数学分析等方法，用数据的形式来描述，使它变成计算机可以接受的信息，也就是建立数字模型，然后把数字模型通过计算机的图形处理生成图像，将其显示在屏幕或者绘制在图纸上。

AutoCAD 自 1982 年成功推出以来，从初期的 1.0 版本，经过多次版本更新和性能完善，至今已经发展成为功能强大、性能稳定、兼容性好的一款主流 CAD 系统。在机械设计中，AutoCAD 是进行工程图绘制的一个很好的软件平台。AutoCAD 在机械设计尤其是机械制图上的应用特点，主要体现在以下几个方面：

● 建立图层，方便控制图形的线条特性等。

● 可以很方便地绘制直线、圆、圆弧等基本图形对象。

● 可以对基本图形进行镜像、复制、偏移、缩放、删除等各种编辑操作，以形成复杂图形。

● 可以将常用零件和标准件分别建立元件库，当需要绘制这些图形时，可以直接插入，而不必再重复绘制。

● 可以方便地将已有零件图组装成装配图。

● 可以方便地通过装配图拆分出零件图。

● 可以设置绘图环境，使机械图形的线条宽度、文字样式等满足国家机械制图标准。另外，AutoCAD 2008 在二维制图、三维建模、渲染显示、数据库管理、Internet 通等方面的无缝整合更为出色。

项目二　AutoCAD 用户界面

AutoCAD 的工作界面，主要由标题栏、菜单栏、工具栏、绘图区状态栏和命令文本窗口等几部分组成。

一、工具栏

在 AutoCAD 的初始界面上只显示了几种常用的工具栏，即标准工具栏、样式工具栏、图层工具栏、对象特性工具栏、绘图工具栏和修改工具栏。根据设计的需要，常常要显示或隐藏其他工具栏。设置显示成隐藏工具栏的方法如下：

● 在界面上的任意工具栏上单击鼠标右键，弹出如图 1-1 所示的快捷菜单。

● 选择需要的工具栏复选项，此时指定的工具栏便在界面上显示或者隐藏起来。

工具栏既可以固定，也可以浮动。按照希望的方式排列工具栏后，可以锁定它们的位置，无论它们是固定的还是浮动的。方法是右击浮动工具栏，弹出快捷菜单，进入"锁定位置"级联菜单中，选择"全部"→"锁定"选项，如图 1-2 所示。

图 1-1　设置工具栏的快捷菜单

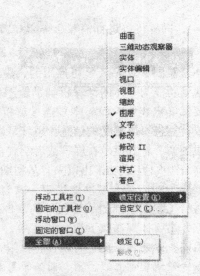

图 1-2　锁定工具栏

二、状态栏

状态栏位于工作界面的底部，用来显示光标坐标值、提示信息，以及显示和控制捕捉、栅格、正交、极轴、对象捕捉、对象追踪、DYN、线宽、模型的状态，如图 1-3 所示。按钮下凹，表示打开该按钮的功能；反之，则关闭该按钮的功能。

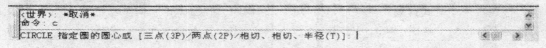

| 2029.9448, 130.4979, 0.0000 | 捕捉 栅格 正交 极轴 对象捕捉 对象追踪 DYN 线宽 模型 |

图 1-3　状态栏

三、命令文本窗口

命令文本窗口由当前命令行和命令历史列表框组成，如图 1-4 所示。当前命令行用来显示 AutoCAD 等待输入的提示信息，并接受用户键入的命令或参数；而命令历史列表框则保留着自系统启动以来操作的命令历史纪录，可供用户查询。

<世界>: *取消*
命令: c
CIRCLE 指定圆的圆心或 [三点(3P)/两点(2P)/相切、相切、半径(T)]:

图 1-4　命令文本窗口

在制图的时候，注意当前命令行的提示，按照提示输入命令或者输入文本参数，这有助于精确制图。采用命令行进行输入操作时，如果对当前输入命令的操作不满意，可以单击 Esc 键取消该操作，然后重新输入。

可以单击 F2 功能键，调出独立的文本窗口，如图 1-5 所示。在该独立的 AutoCAD 文本窗口中，同样可以进行输入命令或参数的操作，而且更便于查询和编辑历史纪录。

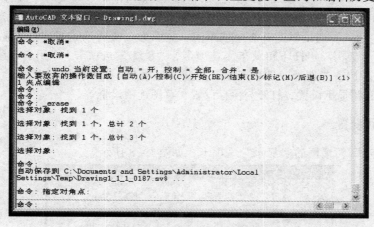

图 1-5　独立的文本窗口

四、绘图区域

绘图区域是主要的工作区域。移动鼠标光标，则在状态栏中显示的坐标值也随之相应地变化。AutoCAD 提供了两种主要坐标系：一个为可移动的用户坐标系（USC），另一个则为固定位置的世界坐标系（WCS）。在实际应用中，为了方便坐标输入、栅格显示、栅格捕捉和正交模式等设置操作，偶尔会巧妙地重新定位和旋转用户坐标系。

在 AutoCAD 中，绘图区域可以分为若干个图形窗口。设置多个图形窗口的命令如图 1-6所示。当选择菜单"视图"→"视口"→"新建视口"命令时，打开如图 1-7 所示的

"视口"对话框。利用该对话框可以设置适合二维或者三维的多图形窗口。

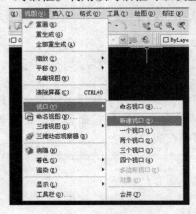

图1-6　设置多个图形窗口的命令　　　　　图1-7　"视口"对话框

项目三　AutoCAD 绘图环境设置

对于一般的用户，使用系统默认的绘图环境配置就可以了。如果对默认的环境配置不满意，希望重新设置自动捕捉等，则可以执行菜单"工具"→"选项"命令，对绘图环境进行重新设置。"选项"对话框上有9个选项卡，分别为"文件"选项卡、"显示"选项卡、"打开和保存"选项卡、"打印和发布"选项卡、"系统"选项卡、"用户系统配置"选项卡、"草图"选项卡、"选择"选项卡和"配置"选项卡，也就是说可以对9大方面进行设置。下面主要介绍显示设置、打开与保存设置、草图选项设置等。

一、显示设置

单击"选项"对话框的"显示"选项卡，如图1-8所示。

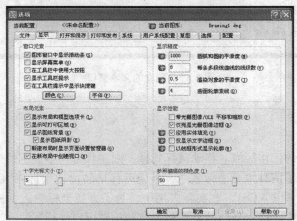

图1-8　显示设置

1. "窗口元素"选项组

该对话框各选项含义如下：

● 图形窗口中显示滚动条复选框，设置是否在图形窗口（绘图区域）的右侧和底侧显示滚动条。

● 显示屏幕菜单复选框，选中此复选框，则在图形区域的右侧显示屏幕菜单。

● 在工具栏中使用大按钮复选框，选中此复选框，则工具栏中的按钮尺寸变大。

● 显示工具栏提示复选框，选中此复选框，则当鼠标光标移到工具栏上的工具按钮处时，在鼠标光标的下方会显示出提示信息，这有助于初学者认识工具按钮的功能。

● 颜色（<u>C</u>）按钮，单击该按钮，打开如图1-9所示的"颜色选项"对话框，改变背景颜色。

● 字体（<u>F</u>）按钮，单击该按钮，打开如图1-10所示的"命令行窗口字体"对话框，修改命令文本窗口中的字体样式。

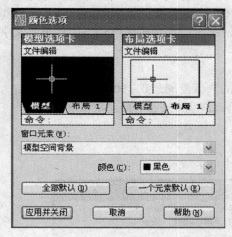

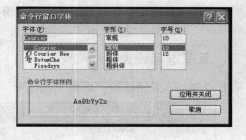

图1-9　"颜色选项"对话框　　　　　　图1-10　"命令行窗口字体"对话框

2. "布局元素"选项组

该选项组用来控制显示在图纸空间布局中的各元素，布局就是指图纸空间环境。

该对话框各选项含义如下：

● 显示布局和模型选项卡（<u>L</u>）复选框，选中该复选框，则在绘图区域的底部显示布局和模型选项卡。

● 显示可打印区域（<u>B</u>）复选框，选中该复选框，则显示布局中的可打印区域，可打印区域是指用虚线围起来的区域，其大小由所选的输出设备决定。

● 显示图纸背景（<u>K</u>）复选框，选中该复选框，则在布局中显示图纸的背景轮廓，而实际图纸的大小和打印比例决定该背景轮廓的大小。

● 显示图纸阴影（<u>E</u>）复选框，选中该复选框，则显示图纸背景轮廓的阴影。

新建布局时显示页面设置管理器（<u>G</u>）复选框，选中该复选框，则在首次选择布局选项卡时，将显示页面设置管理器。

在新布局中创建视口（<u>N</u>）复选框，选中该复选框，则在创建新布局时创建视口。

3. **"十字光标大小"选项组**

在该选项组中，可以在左边的文本框中输入数值来设置十字光标的大小，也可以拖动右边的滑块来调整十字光标的大小。

4. **"显示精度"选项组**

该选项组用来控制绘制对象的显示效果。

圆弧和圆的平滑度（M）有效值为 1 ~ 20000 的整数，默认值为 1000。该值越高，对象越平滑，但重新生成、显示缩放、显示移动等命令时需要的时间也越长。

每条多段线曲线的线段数（V）有效范围为 − 32768 ~ 32767 的整数，但不能为 0。默认值为 8。

渲染对象的平滑度（J）有效值为 0.01 ~ 10 的数，默认值为 0.5。

曲面轮廓索线（O）有效值范围是 0 ~ 2047 的整数，默认值为 4。

5. **"显示性能"选项组**

该选项组用来调整与显示相关的各种设置，可设置的选项有"带光栅图像/OLE 平移和缩放"、"仅亮显光栅图像边框"、"真彩光栅图像和渲染"、"应用实体填充"、"仅显示文字边框"和"以线框形式显示轮廓"。

6. **"参照编辑的褪色度"选项组**

该选项组用来设置参照编辑的褪色度，褪色度的取值范围是 0 ~ 90 的整数，默认值为 50。可以在文本框中直接输入有效的整数，也可以拖动滑块来选择合适的褪色度。

二、草图选项设置

单击"选项"对话框的"草图"选项卡，如图 1 − 11 所示。

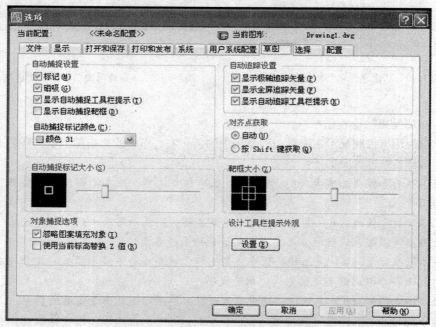

图 1 − 11　**"草图"选项卡**

1. "**自动捕捉设置**" 选项组

该对话框各选项含义如下：

●标记复选框，控制自动捕捉标记的显示，当十字光标移到捕捉点上时显示的几何符号。

●磁吸复选框，打开或关闭自动捕捉磁吸，磁吸是指十字光标自动移动并锁定到最近的捕捉点上。

●显示自动捕捉工具栏提示复选框，控制自动捕捉工具栏提示的显示，工具栏提示是一个标签，用来描述捕捉到的对象部分。

●显示自动捕捉靶框复选框，控制自动捕捉靶框的显示，靶框是捕捉对象时出现在十字光标内部的方框。

●自动捕捉标记颜色列表框，从下拉列表框中指定自动捕捉标记的颜色。

2. "**自动追踪设置**" 选项组

该对话框各选项含义如下：

显示极轴追踪矢量复选框，设置是否显示极轴追踪的矢量数据。当打开极轴追踪时，将沿指定角度显示一个矢量。使用极轴追踪，可以沿角度绘制直线；极轴角是 90°度的约数，如 45°、30°和 15°。

●显示全屏追踪矢量复选框，控制追踪矢量的显示。追踪矢量是辅助用户按照特定的角度或与其他对象特定关系绘制对象的构造线。如果选择此选项，对齐矢量将显示为无限长的直线。

●显示自动追踪工具栏提示复选框，控制自动追踪工具栏提示的显示，工具栏提示是一个标签，它显示追踪坐标。

3. "**自动捕捉标记大小**" 选项组

在该选项组中，可以设置自动捕捉标记的显示尺寸。通过拖动滑块来定义自动捕捉标记的大小。

4. "**对齐点获取**" 选项组

利用该选项组可以定义在图形中显示对齐矢量的方法，有两个选项："自动"选项和"按 Shift 键获取"选项。各选项含义如下：

●自动选项，选择该选项，当靶框移到对象捕捉上时，自动显示追踪矢量。

●按 Shift 键获取选项，选择该选项，当按（Shift）键并将靶框移到对象捕捉上时，将显示追踪矢量。

5. "**靶框大小**" 选项组

该选项组用来设置自动捕捉靶框的显示尺寸。如果在"自动捕捉设置"选项组中选择"显示自动捕捉靶框"选项时，则当捕捉到对象时靶框显示在十字光标的中心。取值范围为 1~50 像素，通过滑块来定义靶框的大小。

6. "**对象捕捉选项**" 选项组

在该选项组里，可以指定在打开对象捕捉时，对象捕捉忽略填充图案。

7. "**设计工具栏提示外观**" 选项组

在该选项组里，单击"设置"按钮，打开如图 1-12 所示的"工具栏提示外观"对话框。

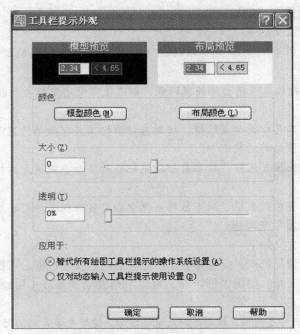

图 1 – 12　定制工具栏提示外观

利用该对话框可以定制绘图工具栏提示的外观，定制的内容包括颜色、大小和透明度等。

三、打开与保存设置

在"打开和保存"选项卡上可以设置文件保存、文件打开、文件安全措施、外部参照和 ObjectARX 应用程序几个方面。

1."文件保存"选项组

可以在"另存为"下拉列表框中选择文件保存的有效格式和版本。注意"AutoCAD 2004 图形（＊.dwg）"是 AutoCAD 版使用的默认图形文件格式。

设置图形文件中潜在的浪费空间的百分比

完全保存会消除浪费的空间，但保存速度较慢；增量保存虽然保存速度较快，但会增加图形的大小。如果将"增量保存百分比"设置为 0，则每次保存都是完全保存。要优化性能，可将此值设置为 50。如果硬盘空间不足，可将此值设置为 25，但是如果将此值设置为 20 或者更小，那么某些命令的执行速度将明显变慢。

单击"缩微预览设置"按钮，将打开如图 1 – 13 所示的"缩微预览设置"对话框。利用该对话框可控制保存图形时是否更新缩微预览等。

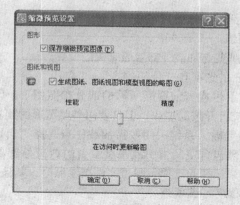

图 1 - 13　"缩微预览设置"对话框

2. "文件安全措施"选项组

主要用来帮助避免数据丢失和检测文件错误，各选项含义如下：

- 自动保存复选框，系统自动保存文件；
- 保存间隔分钟数文本框，设置自动保存图形文件的间隔时间；
- 每次保存均创建备份复选框，保存图形时创建图形的备份副本；
- 维护日志文件复选框，命令文本窗口的内容写入到日志文件中；
- 临时文件的扩展名文本框，设置临时文件的唯一扩展名；
- 单击"安全选项"按钮，则打开如图 1 - 14 所示的"安全选项"对话框，该对话框提供数字签名和密码选项。

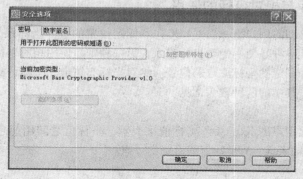

图 1 - 14　"安全选项"对话框

在"安全选项"对话框的"密码"选项卡上，可以输入用于打开图形的密码或短语。添加或更改密码时，将显示"确认密码"对话框。需要特别注意的是，密码丢失后不能恢复。因此，添加密码前，建议创建不受密码保护的备份。

如果选择"加密图形特性"复选框，那么在需要查看图形特性时必须输入密码，图形特性是一些有助于识别图形的信息，包括标题、作者、主题和用于标识型号或其他重要信息的关键字。

3. "文件打开"选项组

用来控制与最近使用过的文件及打开的文件相关的设置，列出最近所用文件数文本框，在该文本框中可输入 0 ~ 9 的整数，从而指定"文件"菜单中所列出的最近使用过的文件数目。

在标题中显示完整路径复选框，选择该选项，则最大化图形后，在图形的标题栏或应用程序窗口的标题栏中显示活动图形的完整路径。

4. "外部参照"选项组

主要用来控制与编辑那些与加载外部参照有关的设置。

"按需加载外部参照"的选项有"使用副本"、"启用"和"禁用"三个选项。需要理解的是，按需加载只加载重生成当前图形所需的部分参照图形，因此提高了性能。当选择"使用副本"选项时，系统打开按需加载，但仅使用参照图形的副本，而其他用户可以编辑原始图形；当选择"禁用"时，系统关闭按需加载；当选择"启用"选项时，系统打开按需加载来提高性能。在处理包含空间索引或图层索引的剪裁外部参照时，选择"启用"设置可加速加载过程，但如果选择此选项，则当文件被参照时，其他用户不能编辑该文件。

5. "ObjectARX 应用程序"选项组

该选项组用来控制 AutoCAD 实时扩展应用程序及代理图形的有关设置。用户可以确定是否以及何时按需加载 ObiectARX 应用程序，以及控制图形中自定义对象的显示方式。

项目四 AutoCAD 操作基础

在学习绘制具体的二维或三维图形之前，需要先了解 AutoCAD 的一些操作基础，比如捕捉和栅格、对象捕捉、绝对坐标系和相对坐标系的使用、视图缩放、视图平移、重画和重新生成等。

一、绝对坐标与相对坐标的使用

前面介绍了可移动的用户坐标系（USC）和固定位置的世界坐标系（WCS），这里输入点坐标的两种方式，一种是使用绝对坐标输入，另一种则是使用相对坐标输入。点的绝对坐标是指点相对于一个固定的坐标原点的位置。绝对坐标有笛卡儿坐标、极坐标、球面坐标和柱面坐标 4 种方式，其中前两种较为常见。

1. 笛卡儿坐标

笛卡儿坐标依次用点的 X、Y、Z 坐标值来表示，坐标值之间用逗号隔开。在二维制图时，Z 值为 0，只需输入 X、Y 坐标值即可确定一点。

2. 极坐标

极坐标用来表示二维点，它是用极径和极角确定二维坐标点的方法，输入的表示方法是：极径∠极角。

相对笛卡儿坐标的格式为：@X，Y

相对极坐标的格式为：@极径＜极角

极径是指当前点到极点之间的距离，极角是指当前点到极点的方位角，逆时针方向为正。

二、捕捉和栅格

栅格可以看作是布满指定区域的点的矩阵，如图 1 – 15 所示。利用栅格可以方便地对齐对象，并且栅格的显示有助于将对象距离形象化。栅格的间距是可以调整的，而栅格不会被打印出来。

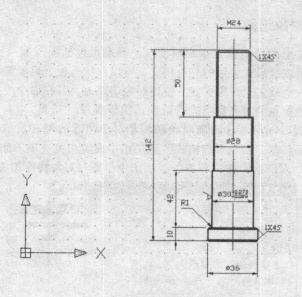

图1-15　启动栅格模式

　　捕捉是选择定位的一种方式，它常与栅格结合使用。在状态栏上可以启用捕捉模式和栅格模式。启动捕捉模式后，十字光标的移动受到一定的限制，即只能按照事先定义的间距移动。捕捉模式中的捕捉与对象捕捉并不一样，对象捕捉需要预设捕捉的特殊对象。这是两种不同的捕捉模式。

　　选择菜单"工具"→"草图设置"命令，打开如图1-16所示的"草图设置"对话框。在"捕捉和栅格"选项卡上修改栅格参数和捕捉参数。可以定义的栅格参数包括在X轴上的间距和在Y轴上的间距；而捕捉参数则包括X轴间距、Y轴间距、角度、X基点、Y基点等。捕捉类型和样式一般多选择"栅格捕捉"，即如果指定点，光标将沿垂直或水平栅格点进行捕捉。捕捉间距不一定和栅格间距相匹配，应该根据设计情况合理定义。

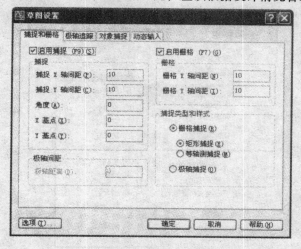

图1-16　设置栅格和捕捉参数

三、对象捕捉与对象追踪

　　对象捕捉就是在对象上的精确位置指定捕捉点，捕捉点包括线段端点、线段中点、圆心、节点等。对象捕捉模式是最常使用的一种模式，可以在状态栏上启动该模式，而要使用对象追踪，则必须打开一个或多个对象捕捉。使用对象追踪时，若在命令中指定点，则光标可以沿着基于其他对象捕捉点的对齐路径进行追踪。执行菜单"工具"→"草图设置"命令，在打开的"草图设置"对话框中设置对象捕捉和对象追踪的模式。单击"对象捕捉"选项卡，如图1－17所示，在"对象捕捉模式"选项组中设置相关选项。如果单击"选项"按钮，则会打开"选项"对话框，在"草图"选项卡中设置与对象捕捉相关的参数。

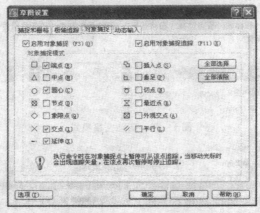

图1－17　设置对象捕捉和追踪的参数

四、视图平移

　　视图平移在实际应用中也较为实用，是指在不改变图形显示大小的情况下，通过移动图形来观察当前视图中的不同部分。

　　视图平移的菜单命令如图1－18所示。

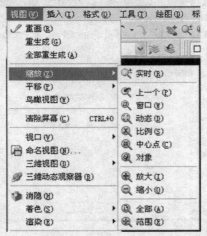

图1－18　视图平移命令

当选择菜单"平移"→"实时"命令时，在绘图区域中出现一个小手形状的鼠标标志，通过按住鼠标左键可实现图形的平移。按 Esc 或 Enter 键退出，或者单击鼠标右键，在出现的快捷菜单中选择"退出"选项，可以结束视图的平移状态。

当选择菜单"平移"→"定点"命令时，可通过输入两点来平移视图，这两点之间的距离和方向便是视图平移的距离和方向。

五、视图缩放

视图的缩放对查看图形、捕捉对象和准确绘制图形等有很大的帮助。在绘图的过程中，常常需要将当前视图适当放大、局部放大或者缩小，对象缩放后，其实际尺寸保持不变。

操作图形缩放的命令位于"视图"→"缩放"级联菜单中，如图 1 – 19 所示。也可以在缩放工具栏上单击相应的图标按钮 进行图形的指定缩放操作。

图 1 – 19　缩放命令

另外，也可以在命令文本窗口中输入 ZOOM 命令缩放视图，如图 1 – 20 所示，然后选择提示行中的选项。例如，要在绘图区域内显示全部图形，则继续在命令文本窗口中输入 A，单击 Enter 键。

在默认情况下，向前滚动鼠标中键滚轮，可实时放大视图；而向后滚动鼠标中间的滚轮，可实时缩小视图。

图 1 – 20　输入 ZOOM 命令

六、重画和重生成

执行菜单"视图"→"重画"命令，或者在命令文本窗口中输入 REDRAW 命令，可以刷新当前视图，消除残留的修改痕迹。如果在命令文本窗口中输入 REDRAWALL，则可以刷新所有视口。

执行菜单"视图"→"重生成"命令，不仅能够刷新图形显示，而且还可以更新图形数据库中所有图形对象的屏幕坐标，从而准确地显示图形数据，使图形显示更圆滑。要重生成图形，也可在命令文本窗口中输入 REGEN 命令；而在命令文本窗口中输入 REGENALL，则可以重新生成图形并刷新所有视口。

七、动态输入

AutoCAD 提供了一种实用的动态输入模式，在该模式下，可以快捷地输入参数值和选择相关的命令或参数。启用动态输入模式时，光标附近显示随着光标的移动而动态更新的提示信息。当某条命令为活动时，光标附近的命令界面将为用户提供输入的位置。

动态输入不会取代命令文本窗口，动态输入的优点在于可以让用户的注意力保持在光标附近。在使用动态输入模式进行复杂图形的设计时，可以隐藏命令文本窗口，从而在屏幕中获得较大的绘图区域。按 F2 键可根据需要显示和隐藏 AutoCAD 文本窗口。利用 AutoCAD 文本窗口可查看提示和错误消息。另外，也可以浮动命令窗口，并使用"自动隐藏"功能来展开或卷起该窗口。

单击状态栏上的 DYN 可打开和关闭动态输入模式，另外按 F12 键也可以临时将其打开或关闭。动态输入模式具有三个组件：指针输入、标注输入和动态提示。单击"工具"→"草绘设置"，打开"动态输入"选项卡，如图 1 – 21 所示，在该选项卡上可以控制启用动态输入模式时每个组件所显示的内容。

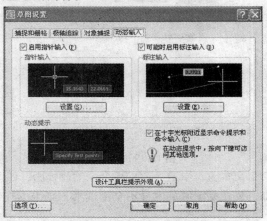

图 1 – 21　定义动态输入

1. 标注输入

启用标注输入后，当命令提示输入第二点时，在工具栏提示中将显示距离和角度值。在工具栏提示中的数值将随着光标的移动而改变。使用标注输入时，在输入字段中输入值并按 Tab 键后，该字段将显示一个锁定图标，并且激活下一个要设置的字段，如图 1 – 22 所示。

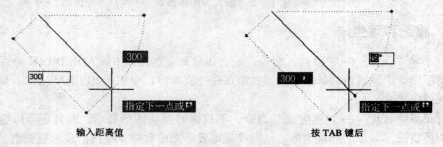

输入距离值　　　　　　　　　　按 TAB 键后

图 1 – 22　标注输入

在"标注输入"选项组中单击"设置"按钮，打开如图 1 - 23 所示的"标注输入的设置"对话框，在该对话框可以进行标注输入设置。

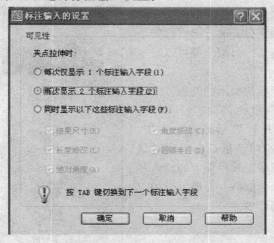

图 1 - 23　设置标注输入

2. 指针输入

当启用指针输入且有命令在执行时，在十字光标附近的工具栏提示中显示出十字光标的位置坐标、此时可以直接在工具栏提示中输入坐标值，而不用在命令行中输入。

第二个点和后续点默认采用相对极坐标显示，注意不需要输入@符号。如果想使用绝对坐标，则使用#符号作为前缀。例如，要将对象移至原点，可使用绝对坐标，即在提示输入第二个点时，输入：#0，0。

在"指针输入"选项组中单击"设置"按钮，打开如图 1 - 24 所示的"指针输入设置"对话框，在该对话框上可以修改坐标的默认格式，并控制指针输入工具栏提示的显示时间。

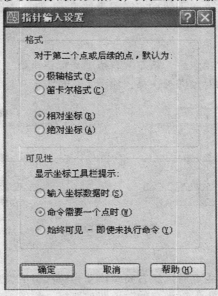

图 1 - 24　设置指针输入

3. 动态提示

启用动态提示时，提示显示在光标附近。用户可以在工具栏提示（而不是在命令行）中输入响应，并可巧用键盘上的方向键，如按↓键可以查看和选择选项，而按↑键可以显示最近的输入。

此外，可以定制工具栏提示的外观，方法是在"草图设置"对话框的"动态输入"选项卡上单击"设计工具栏提示外观"按钮，打开如图 1－25 所示的对话框；利用该对话框，可以指定模型空间中工具栏提示的颜色和指定布局中工具栏提示的颜色，并可以设置工具栏提示的大小、透明度等。

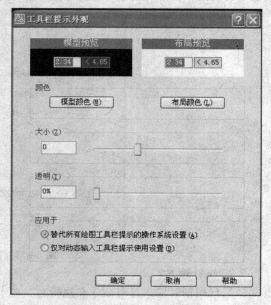

图1－25　设计工具栏提示外观

八、对象选择

绘制图形或者编辑图形时，系统常会提示选择对象，在这里，所述对象是指已经存在的图形。对象被选中时，该对象图形以虚线来表示。

常用的对象选择方式有点选方式、窗口选择方式、交叉选择方式。

1. 点选方式

当执行图形编辑命令或进行其他操作，命令文本窗口出现"选择对象：（Selectob-jects：）"的提示信息时，十字光标变成一个小小的正方形，此正方形常被称为拾取框。将拾取框移动到要选择的对象上，单击鼠标左键或者按 Enter 键，即选中了对象，可连续选择多个对象。

2. 窗口选择方式

在绘图区域确定第一对角点后，从左向右拖动光标移至第二对角点，出现一个实线的矩形框，完全位于矩形框中的对象即被选择，如图 1－26 所示。

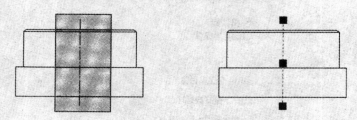

图1－26　窗口选择

3. 交叉选择方式

在绘图区域确定第一对角点后，从右向左拖动光标移至第二对角点，出现一个虚线的矩形框，被矩形框包围的或与矩形框相交的对象即被选择，如图 1－27 所示。

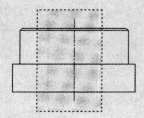 

图 1 - 27　交叉选择

1. AutoCAD 在机械设计上的应用特点主要有哪些?

2. 如何设置系统的绘图环境?

3. 请熟悉一下在 AutoCAD 中, 按 F1、F5、F8 等键可以执行哪些操作?

模块二

平面图形绘制

本章概述

本章主要介绍一些基本的绘图操作：线类、多边形、圆类和点的绘制以及面域和图案填，还介绍了绘图必要的预备知识。这些是绘图中最基本的图元命令，也是完成复杂绘图的基础。

教学目标

1. 了解一些基本的绘图操作。
2. 熟练掌握各种基本的绘图操作。

＊　＊　＊　＊　＊　＊　＊　＊　＊　＊

项目一　绘图基础知识

一、坐标系

AutoCAD 绘图窗口的坐标表示方法有三种：笛卡儿坐标系、极坐标系和相对坐标。坐标值的显示位于状态栏左下角，可以通过单击坐标值显示的区域来切换坐标值的不同显示状态。

1. 笛卡儿坐标系（Cartesian coordinates）

笛卡儿坐标系就是直角坐标系和斜角坐标系的统称。其中水平方向的坐标轴称为 X 轴，以向右为其正方向；垂直方向的坐标轴称为 Y 轴，以向上为其正方向。两条坐标轴把平面分成 4 个区域，由右上角开始逆时针顺序分别称为第一象限、第二象限、第三象限和第四象限，如图 2 - 1 所示。这样，平面上的任何一点都可以通过 X 轴和 Y 轴的坐标值来确定其位置，即用一对坐标值来定义一个点，表示方法是（X，Y）。X、Y 可以是正值或负值。

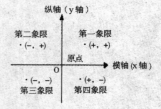

图 2 - 1　笛卡儿坐标系

2. 极坐标系（Polar coordinates）

在平面内由极点、极轴和极径构成的坐标系是极坐标系。在平面上取定一点 O，称为极点。从 O 出发引一条射线 Ox，称为极轴。再取定一个长度单位，通常规定角度取逆时针方向为正。这样，平面上任一点 P 的位置就可以用线段 OP 的长度 ρ 以及从 Ox 到 OP 的角度 θ 来确定，有序数对 (ρ, θ) 就称为 P 点的极坐标，记为 $P(\rho, \theta)$；ρ 称为 P 点的极径。θ 称为 P 点的极角。如图 2-2 所示。其中极点的极径为 0，角度为任意。

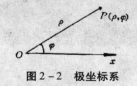

图 2-2　极坐标系

在 AutoCAD 中，当使用极坐标系时，默认（0，0）为极点，X 轴正方向为极轴。输入某个极坐标的方式是：$\rho < \varphi$。其中 ρ 表示极径，φ 表示相对极轴角度。

3. 相对坐标（Relative coordinates）

相对坐标是以该点的上一个点为参考点，来定位平面内某一点的具体位置，其表示方法为：A（@ΔX，ΔY）；在某些情况下，用户需要直接通过点与点之间的相对位置来绘制图形，而不想指定每个点的绝对坐标。

为此，AutoCAD 提供了使用相对坐标的办法。所谓相对坐标，就是某点与相对点的相对位移值，在 AutoCAD 中相对坐标用"@"标识。使用相对坐标时可以使用笛卡儿坐标，也可以使用极坐标。

二、命令输入方式

常见的绘图命令的输入方式有 3 种，即"菜单"→"子菜单"的输入方式、单击工具栏上的图标按钮输入、在命令行输入命令。由于很多命令有简化输入方式，只需要输入 1～3 个字母就可以完成，这样，可以左手输入指令，右手选择图形位置，是一种合理高效的输入方式。

通常执行某个命令后，命令行会提示输入坐标位置、数值或对应字母来完成该命令或者设置命令的执行方式。这个时候是通过鼠标在绘图窗口拾取坐标位置或者在键盘上输入指令来和系统对话，完成命令。

例如：输入 CIRCLE ↙，系统命令行显示如下：

命令：CIRCLE

指定圆的圆心或 ［三点（3 P）/两点（2 P）/相切、相切、半径（T）］

用鼠标指定绘图窗口上的点或者直接输入一个坐标值，则该点就是圆心位置，这个时候命令行会接着提示：

指定圆的半径或 ［直径（D）］

再用鼠标确定一个点，该点和圆心的距离就是半径，或者用键盘在命令行输入数值确定半径，圆也就确定了。

上面指令提示方括号内表示绘制圆的其他方式或设置，输入小括号内的数字字母并按下 Enter 键表示选择对应的命令执行方式。例如，当提示：

指定圆的圆心或 ［三点（3 P）/两点（2 P）/相切、相切、半径（T）］

这个时候从键盘输入 3P ↙，则命令行提示输入 3 个点来确定一个圆，而不再是利用圆心、半径来确定。

动态输入模式的光标

当启用 DYN（动态输入）模式的时候，命令、坐标值和数值在光标附近显示，而不是在命令行。这样的好处是让用户能更专注于设计。这是 AutoCAD 的新增功能。

三、图形观察

在 AutoCAD 中有多种方法可以观察一个图形，如图形的缩放（ZOOM）、平移（PAN）和重新生成（REGEN）。

1. 缩放（ZOOM）

该指令用于放大或者缩小观察的区域。

（1）调用方法

● 菜单：视图（V）→缩放（Z）→多个选项。

● 工具栏：上面中间 🔍🔍🔍 的图标。

● 命令行：ZOOM↙。

输入 ZOOM↙后，命令行提示如下：

命令：ZOOM

指定窗口的角点，输入比例因子（nX 或 nXP），或者［全部（A）/中心（C）/动态（D）/范围（E）/一个（P）/比例（S）/窗口（W）/对象（O）］＜实时＞：

（2）部分选项含义

● 输入比例因子（nX 或 nXP）：直接输入数字，显示对应的放大倍数例如图 2-3 为原来观察到的图形，当输入 2X 后，观察到的图形变为图 2-4，观察到的图形变为原来图形的 2 倍，同时显示的图形区域变小了。

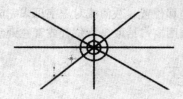
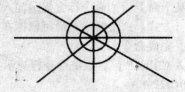

图2-3　缩放前观察的图形大小　　图2-4　放大后观察到的图形大小

● 全部（A）：显示所有图形的全貌，如果当前绘图窗口没有任何图形对象，则最大化显示图形界限。

● 中心（C）：指定一点为当前绘图窗口中心点，再指定比例系数 1X，2X 等确定图形相对当前图形的比例或者输入数值直接指定窗口显示的高度。

● 实际使用中，直接转动滑鼠标滑轮即可，向上为放大，向下为缩小，以光标所在位置为中心点向四周缩放。

注意：缩放命令并不改变图形本身的大小，仅是改变视点，即观察者与图形的视觉距离。就如日常生活中看事物远小近大的原理一样。

2. 平移（PAN）

该指令不改变图形的显示大小，而是用于观察当前视图中图形的不同部分。通过移动视图区域观察不在当前绘图窗口范围内的图形细节。

命令调用方法：

- 菜单：视图（V）→平移（P）→🖐实时。
- 工具栏：界面上面中间的🖐图标。
- 命令行：PAN✓。

调用命令并执行完毕后，按 Esc 键或者 Enter 键退出命令。实际使用中，也可按住滑轮鼠标的左键，左右移动鼠标来平移图形。

3. 重生成（REGEN）

该指令用于在绘图窗口重新生成图形，当缩放图形时，图形可能会变形。例如圆放大后圆周不光滑，利用重生成命令可使图形恢复形状。

命令调用方法：

- 菜单：视图（V）→重生成（G）。
- 命令行：REGEN✓

执行命令后，图形将重新生成。

四、重复、撤销与重做命令

- 重复：当执行完一个命令后，需要重复执行该命令时，用户无需再次通过命令行、菜单或工具栏执行该命令。只需要按 Enter 键或空格键，系统就自动调用上一个命令。即使上一个命令并没有完成，系统也照样调用该命令。

- 撤销：在命令执行过程中，在上面中间工具栏单击⟲图标按钮执行撤销命令。用户也可以按 Esc 键取消该命令；在命令行输入 U✓或者 UNDO✓则为撤销该命令的上一步操作。

- 重做：当用户取消某个命令后，如果想恢复该命令，单击⟳图标按钮就可以。或通过在命令行输入 REDO✓恢复已经撤销的命令。

项目二　绘制点

一、点

绘制方法：

- 菜单：绘图（D）→点（O）。
- 工具栏：左下角·图标。
- 命令行：POINT✓。

执行命令后，命令行会提示信息如下：

- 命令：_ point
- 当前模式：PDMODE = 0 PDSIZE = 0. 0000

● 指定点：指定一个点

其中 PDMODE 是指当前点的样式，数字 0、1 等代表不同的点样式；PDSIZE 是指点在绘图窗口显示的大小。

当通过菜单"绘图（D）"→"点（O）"来绘制点时，有两个子菜单"单点（S）"、"多点（P）"可供选择，其区别是"多点（P）"命令用于连续输入点，"单点（S）"命令输入一个点后命令就结束。

由于点的特殊性，故需要指定点的样式以便在绘图窗口能明显识别点的存在。指定点样式的命令如下：

● 菜单：格式→点样式。

● 命令行：DDPTYPE ↙。

执行命令后，弹出"点样式"对话框，如图 2－5 所示，通过该对话框可选择点的样式和大小。

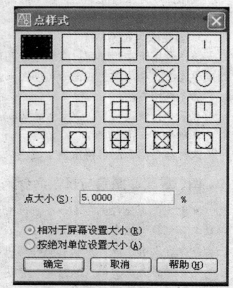

图 2－5　"点样式"对话框

二、定距等分

绘制方法：

● 菜单：绘图（D）→点（O）→定数等分（D）。

● 命令行：MEASURE ↙。

执行命令后，命令行提示信息如下：

● 命令：MEASURE

● 选择要定距等分的对象：选择直线、圆等

● 指定线段长度或［块（B）］：输入对象的等分长度；输入 B，则以等分点为插入点，放置选择的图块。

例：将某线段以 40 为长度进行定距等分，如图 2－6 所示。

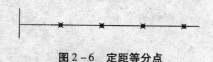

图 2－6　定距等分点

绘制步骤：

● 命令：MEASURE ↙

● 选择要定距等分的对象：选择直线

● 指定线段长度或［块（B）］：40 ↙

三、定数等分

定数等分绘制方法：

● 菜单：绘图（D）→点（O）→定距等分（M）。

● 命令行：DIVIDE ↙。

执行命令后，命令行提示信息如下：

● 命令行：DIVIDE

● 选择要定数等分的对象：选择直线、圆等

● 输入线段数目或［块（B)］：输入对象的等分段数，输入

B，则以等分点为插入点↙，放置选择的图块

例：将圆6等分，如图2-7所示。

绘制步骤：

● 命令行：DIVIDE

● 选择要定数等分的对象：选择圆

● 指定线段数目或［块（B)］：6↙

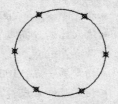

图2-7 定数等分点

项目三 绘制线

一、直线

绘制方法：

● 菜单：绘图→直线（L)。

● 工具栏：左上角图标。

● 命令行：LINE ↙。

执行命令后，命令行提示信息如下：

● 命令：_ line

● 指定第一点：指定直线的起始点，用鼠标指定一个点或者从键盘输入坐标值

● 指定下一点或［放弃（U)］：指定直线的端点；（输入U将放弃上一步操作，后面介绍的其他指令，U选项都为放弃上一步操作）

● 指定下一点或［放弃（U)］：输入一个新端点．和上一个指定点确定另一条直线

● 指定下一点或［闭合（C)／放弃（U)］：指定下一条直线的另一个端点，输入C以起始点为端点闭合直线

例：用绘制直线命令绘制图2-8所示的图形。

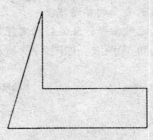

图2-8 绘制直线

绘制步骤：

● 命令：ZOOM ↙ #指定绘图窗口显示区域#

● 指定窗口的角点，输入比例因子（nX或nXP)，或者［全部（A)／中心（C)／动态（D)／范围（E)／上一个（P)／比例（S)／窗口（W)／对象（O)］＜实时＞：C #中心

（C）选项#

- 指定中心点：200，200
- 输入比例或高度 <250.0000>：500 #指定绘图窗口高度#
- 命令：line ↙
- 指定第一点：100，100 ↙
- 指定下一点或［放弃（U）］：300，100 ↙
- 指定下一点或［放弃（U）］：@0，50 ↙ #相对坐标#
- 指定下一点或［闭合（C）/放弃（U）］：@－150，0 ↙
- 指定下一点或［闭合（C）/放弃（U）］：@0，100 ↙
- 指定下一点或［闭合（C）/放弃（U）］：C ↙ #闭合直线#

二、构造线

构造线绘制方法：

- 菜单：绘图（D）→／构造线（T）。
- 工具栏：左边的／图标。
- 命令行：XLINE ↙。

执行命令后，命令行提示信息如下：

- 命令：xline
- 指定点或［水平（H）/垂直（V）/角度（A）/二等分（B）/偏移（O）］：指定构造线通过的一个点，或者通过其他选项绘制
- 指定通过点：指定另外一个点

各选项含义如下：

- 水平（H）：指定一点绘制水平方向的构造线。
- 垂直（V）：指定一点绘制垂直方向的构造线。
- 角度（A）：指定一点绘制指定角度的构造线。
- 二等分（B）：先指定构造线通过的点1，再指定点2和点3，绘制平分通过这点1、2的直线和通过点1、3的直线形成的夹角的构造线。
- 偏移（O）：绘制一条与选定对象平行且偏移指定距离的构造线。

例：绘制与X轴正方向呈60°的参照线，如图2-9所示。

图2-9 绘制构造线　　　图2-10 偏移构造线

绘制步骤：

- 命令：xline ↙
- 指定点或［水平（H）/垂直（V）/角度（A）/二等分（B）/偏移（O）］：A ↙ #

角度（A）选项#
- 输入构造线的角度（O）或［参照（R）］：60 ✓
- 指定通过点：200，100 ✓
- 指定通过点：✓ #结束命令#

例：绘制平行于直线的构造线，如图 2 – 10 所示。

绘制步骤：
- 命令：xline ✓
- 指定点或［水平（H）/垂直（V）/角度（A）/二等分（B）/偏移（O）］：O ✓ #

偏移（O）选项#
- 指定偏移距离或［通过（T）］< 50.0000 > ：50 ✓
- 选择直线对象：选择原直线
- 指定向哪侧偏移：选择直线左上侧
- 选择直线对象：✓

三、多段线

包含多条直线或圆弧，但所有直线和圆弧是作为一个对象处理的。

多段线的绘制方法：
- 菜单：绘图（D）→多段线（P）。
- 工具栏：左边 图标。
- 命令行：PLINE ✓。

执行命令后，命令行提示如下：
- 命令：pline
- 指定起点：指定多段线的起始点
- 当前线宽为 0.0000
- 指定下一个点或［圆弧（A）/半宽（H）/长度（L）/放弃（U）/宽度（W）］：指定另一个点

各选项含义如下：
- 圆弧（A）：绘制圆弧形状的多段线。
- 半宽（H）：指定要绘制的多段线的起始宽度和终止宽度，用于绘制宽度渐变的线段。
- 长度（L）：指定下一段多段线的长度。
- 放弃（U）：取消已经绘制的多段线，每次输入取消上一段多段线。
- 宽度（W）：设置多段线的宽度。

例：绘制图 2 – 11 所示的多段线。

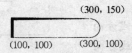

(300, 150)

(100, 100)　　(300, 100)

图 2 – 11　绘制多段线

绘制步骤：

- 命令：pline ✓
- 指定起点：100, 100 ✓
- 当前线宽为0.0000
- 指定下一个点或 ［圆弧（A）/半宽（H）/长度（L）/放弃（U）/宽度（W）］：@ 200, 0 ✓
- 指定下一点或 ［圆弧（A）/闭合（C）/半宽（H）/长度（L）/放弃（U）/宽度（W）］：A ✓
- 指定圆弧的端点或 ［角度（A）/圆心（CE）/闭合（CL）/方向（D）/半宽（H）/直线（L）/半径（R）/第二个点（S）/放弃（U）/宽度（W）］：@0, 50 ✓
- 指定圆弧的端点或 ［角度（A）/圆心（CE）/闭合（CL）/方向（D）/半宽（H）/直线（L）/半径（R）/第二个点（S）/放弃（U）/宽度（W）］：H ✓
- 指定起点半宽 <0.0000> ：✓#默认尖括号内设置#
- 指定端点半宽 <0.0000> ：3 ✓
- 指定圆弧的端点或 ［角度（A）/圆心（C E）/闭合（CL）/方向（D）/半宽（H）/直线（L）/半径（R）/第二个点（S）/放弃（U）/宽度（W）］：L ✓
- 指定下一点或 ［圆弧（A）/闭合（C）/半宽（H）/长度（L）/放弃（U）/宽度（W）］：@ -200, 0 ✓
- 指定下一点或 ［圆弧（A）/闭合（C）/半宽（H）/长度（L）/放弃（U）/宽度（W）］：C ✓

四、样条曲线

绘制方法：
- 菜单：绘图（D）→〜样条曲线。
- 工具栏：左边中间〜图标。
- 命令行：SPLINE ✓。

执行命令后，命令行提示信息如下：
- 命令：spline
- 指定第一个点或 ［对象（O）］：指定起点

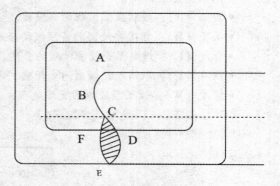

- 指定下一点：指定另一个点，两点间将形成一条样条曲线
- 指定下一点或 ［闭合（C）/拟合公差（F）］ <起点切向> ：继续指定任意多的点，完毕按Enter键，将提示选择切向
- 指定起点切向：指定起点切线方向
- 指定端点切向：指定终点切线方向

例：绘制图2-12所示的剖断线。

图2-12 绘制样条曲线

绘制步骤：
- 命令：spline ✓
- 指定第一个点或 ［对象（O）］：选择点A

- 指定下一点：选择点 B
- 指定下一点或 ［闭合（C）／拟合公差（F）］ ＜起点切向＞：选择点 C
- 指定下一点或 ［闭合（C）／拟合公差（F）］ ＜起点切向＞：选择点 D
- 指定下一点或 ［闭合（C）／拟合公差（F）］ ＜起点切向＞：选择点 E
- 指定下一点或 ［闭合（C）／拟合公差（F）］ ＜起点切向＞：选择点 F
- 指定下一点或 ［闭合（C）／拟合公差（F）］ ＜起点切向＞：选择点 C
- 指定下一点或 ［闭合（C）／拟合公差（F）］ ＜起点切向＞：↙

- 指定起点切向：选择起点切线方向
- 指定端点切向：选择终点切线方向

项目四 绘制多边形

一、矩形

绘制方法：
- 菜单：绘图（D）→□矩形（G）。
- 工具栏：左上角□图标。
- 命令行：RECTANG ↙。

执行命令后，命令行提示信息如下：
- 命令：rectang
- 指定第一个角点或 ［倒角（C）／标高（E）／圆角（F）／厚度（T）／宽度（W）］：指定矩形一个角点
- 指定另一个角点或 ［面积（A）／尺寸（D）／旋转（R）］：指定第一个角点的对角点

各选项含义如下：
- 倒角（C）：指定矩形 4 个顶点倒角的大小。
- 标高（E）：指定三维观察时设置矩形线框所形成的面与 Z 轴的距离。
- 圆角（F）：指定矩形 4 个顶点圆角的半径。
- 厚度（T）：指定三维绘图时设置矩形 Z 轴方向的矩形厚度。
- 宽度（W）：指定线型宽度。
- 面积（A）：指定一个角点、面积和长度或宽度来绘制矩形。
- 尺寸（D）：指定长度、宽度来绘制矩形。
- 旋转（R）：指定矩形旋转的角度。

例：利用矩形命令绘制图 2 - 13 所示的图形。

绘制步骤：
- 命令：recang ↙
- 指定第一个角点或 ［倒角（C）／标高（E）／圆角（F）／厚度（T）／宽度（W）］：C ↙ #倒角（C）选项#
- 指定矩形的第一个倒角距离 ＜0.0000＞：10 ↙
- 指定矩形的第二个倒角距离 ＜10.0000＞：↙

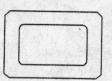

图 2 - 13 绘制矩形

● 指定第一个角点或［倒角（C）/标高（E）/圆角（F）/厚度（T）/宽度（W）］：100，100↙

● 指定另一个角点或［面积（A）/尺寸（D）/旋转（R）］：300，250↙

重复矩形命令，设置圆角半径为10，绘制里边的小矩形。

二、正多边形

绘制方法：

● 菜单：绘图（D）→ 正多边形（Y）。

● 工具栏：左边 图标。

● 命令行：POLYGON↙。

执行命令后，命令行提示信息如下：

● 命令：polygon

● 输入边的数目 <4>：输入正多边形的边数

● 指定正多边形的中心点或［边（E）］：指定正多边形的中心点或输入 E↙指定边的位置

● 输入选项［内接于圆（I）/外切于圆（C）］<I>：绘制内接或外切于假想圆的正多边形

● 指定圆的半径：通过指定圆的半径来确定正多边形的大小

例：利用正多边形命令绘制图2-14所示的图形。

绘制步骤：

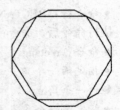

● 命令：polygon↙

● 输入边的数目 <5>：6↙

● 指定正多边形的中心点或［边（E）］：100，120↙

● 输入选项［内接于圆（I）/外切于同（C）］<C>：I↙

● 指定圆的半径：80↙

图2-14 绘制正多边形

● 命令：polygon↙

● 输入边的数目 <5>：12↙

● 指定正多边形的中心点或［边（E）］：100，120↙

● 输入选项［内接于圆（I）/外切于圆（C）］<C>：C↙

● 指定圆的半径：80↙

项目五　绘制圆

一、圆

绘制方法：

● 菜单：绘图（D）→圆（C）。

● 工具栏：左边中间 图标。

● 命令行：CIRCLE↙。

执行命令后，命令行提示信息如下：

- 命令：circle
- 指定圆的圆心或［三点（3P）/两点（2P）/相切、相切、半径（T）］：指定圆心
- 指定圆的半径或［直径（D）］：指定半径；输入 D✔将提示指定直径

各选项含义如下：

- 三点（3P）：通过指定圆周上的 3 个点来确定圆。
- 两点（2P）：通过指定圆的任一直径的两个端点来绘制圆。
- 相切、相切、半径（T）：指定圆的两条切线和半径来确定圆。

其他绘制圆的方式在菜单"绘图（D）"→"圆（C）"的子菜单中，如图 2－15 所示。

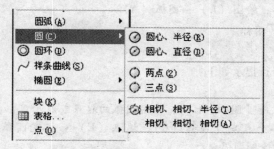

图 2－15　圆的各种绘制方法

例：利用圆绘制图 2－16 所示的图形。

绘制步骤：

- 命令：circle✔
- 指定圆的圆心或［三点（3P）/两点（2P）/相切、相切、半径（T）］：0，0✔
- 指定圆的半径或［直径（D）］＜100.0000＞：50✔
- 命令：circle/

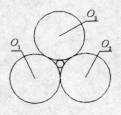

图 2－16　绘制圆

- 指定圆的同心或［三点（3P）/两点（2P）/相切、相切、半径（T）］：100，0✔
- 指定圆的半径或［直径（D）］＜100.0000＞：50✔
- 命令：circle✔
- 指定圆的同心或［三点（3P）/两点（2P）/相切、相切、半径（T）］：T✔#相切、相切、半径（T）选项#
- 指定对象与圆的第一个切点：选择圆 O_1 右上角圆周上任一点
- 指定对象与圆的第二个切点：选择圆 O_2 左上角圆周上任一点
- 指定圆的半径＜100.0000＞：50✔

绘制小圆：执行绘图（D）→圆（C）→相切、相切、相切（A）命令，命令行提示信息如下：

- 命令：– circle
- 指定圆的同心或 ［三点（3P）/两点（2P）/相切、相切、半径（T）］： – 3P
- 指定圆上的第一个点： – tan 到：选择圆 O_1 右上角圆周上任一点
- 指定圆上的第二个点： – tan 到：选择圆 O_2 左上角圆周上任一点
- 指定圆上的第三个点： – tan 到：选择圆 O_3 下边圆周上任一点

二、圆弧

绘制方法：● 菜单：绘图（D）→圆弧（A）。

- 工具栏：左边 图标。
- 命令行：ARC ↙。

执行命令后，命令行提示如下：

- 命令：arc
- 指定圆弧的起点或 ［圆心（C）］：指定圆弧的起点或输入 C ↙ 指定圆弧的圆心位置
- 指定圆弧的第二个点或 ［圆心（C）/端点（E）］：指定圆弧上的第二个点或输入 E ↙ 指定端点和半径来绘制圆弧
- 指定圆弧的端点：指定圆弧的端点

在 ARC 命令下，总共有 11 种绘制圆弧的方式，直接指定某种方式可通过"绘图（D）" → "圆弧（A）"的子菜单来确定，如图 2 – 17 所示。

例：绘制图 2 – 18 所示的图形，圆的半径为 100。

图 2 – 17　圆弧命令菜单　　　　　图 2 – 18　绘制圆弧

绘图步骤：

- 命令：circle ↙
- 指定圆的圆心或 ［三点（3P）/两点（2P）/相切、相切、半径（T）］：20，15 ↙
- 指定圆的半径或 ［直径（D）］ ＜0.0000＞：100 ↙
- 命令：polygon ↙
- 输入边的数目＜4＞：3 ↙
- 指定正多边形的中心点或 ［边（E）］：20，15 ↙
- 输入选项 ［内接于圆（I）/外切于圆（C）］ ＜I＞：↙
- 指定圆的半径：100
- 命令：arc ↙

- 指定圆弧的起点或［圆心（C）］：选择三角形上边顶点
- 指定圆弧的第二个点或［圆心（C）/端点（E）］：选择圆的圆心
- 指定圆弧的端点：选择三角形右下顶点
- 重复以上命令，完成图形

注意：默认圆弧的绘制方向为逆时针，所以必须区分起点、终点。例如绘制图2－15所示的左边圆弧，起点为三角形左下顶点，终点为三角形上边顶点。

三、圆环

绘制方法：
- 菜单：绘图（D）→圆环（D）。
- 工具栏：左边◎图标。
- 命令行：DONUT ↙。

执行命令后，命令行提示如下：
- 命令：donut
- 指定圆环的内径＜0.0000＞：指定圆环的内径
- 指定圆环的外径＜0.0000＞：指定圆环的外径
- 指定圆环的中心点或＜退出＞：指定圆环的中心点

注意：不要用圆环命令来绘制两个同心圆。

另外，可以通过系统变量 FIILLMODE 来控制所绘制的圆环是否为实心，如图2－19所示。执行 FILLMODE ↙后，命令行提示如下：
- 命令：fillmode
- 输入 FILLMODE 的新值＜1＞：输入1则圆环为实心，输入0则为空心

例：绘制图2－20所示的图形，圆环为空心圆环。

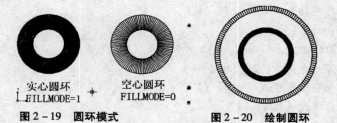

实心圆环　　　空心圆环
FILLMODE=1　　FILLMODE=0
图2－19　圆环模式　　　图2－20　绘制圆环

绘制步骤：
- 命令：donut ↙
- 指定圆环的内径＜20.0000＞：50 ↙
- 指定圆环的外径＜30.0000＞：60 ↙
- 指定圆环的中心点或＜退出＞：200，150 ↙
- 指定圆环的中心点或＜退出＞：↙
- 命令：FILLMODE↙
- 输入 FILLMODE 的新值＜1＞：0 ↙
- 命令：donut ↙
- 指定圆环的内径＜50.0000＞：100 ↙

- 指定圆环的外径 < 60.0000 > : 110 ↙
- 指定圆环的中心点或 < 退出 > : 200, 150 ↙
- 指定圆环的中心点或 < 退出 > : ↙

四、椭圆

绘制方法：

- 菜单：绘图（D）→椭圆（E）。
- 工具栏：左边中间 ⬭ 图标。
- 命令行：ELLIPSE ↙。

执行命令后，命令行提示信息如下：

- 命令：ellipse
- 指定椭圆的轴端点或 [圆弧（A）/中心点（C）]：指定椭圆轴的一个端点
- 指定轴的另一个端点：指定轴的另一个端点
- 指定另一条半轴长度或 [旋转（R）]：指定另一条半轴长度或者输入 R ↙，通过绕第一条轴旋转圆来绘制椭圆

部分选项含义如下：

- 圆弧（A）：绘制一段椭圆弧。
- 中心点（C）：先确定椭圆中心点，再根据轴长度绘制椭圆。

例：绘制图 2 - 21 所示的图形。

绘制步骤：

- 命令：ellipse ↙
- 指定椭圆的轴端点或 [圆弧（A）/中心点（C）]：10, 10 ↙
- 指定轴的另一个端点：30, 10 ↙

图 2 - 21　绘制椭圆

- 指定另一条半轴长度或 [旋转（R）]：50 ↙
- 命令：ellipse ↙
- 指定椭圆的轴端点或 [圆弧（A）/中心点（C）]：A ↙
- 指定轴的另一个端点：20, 10 ↙
- 指定另一条半轴长度或 [旋转（R）]：25 ↙
- 指定起始角度或 [参数（P）]：0 ↙
- 指定终止角度或 [参数（P）/包含角度（I）]：270 ↙

 小锦囊

命令简化方式

DIVIDE 命令可简化为 DIV；MEASURE 命令可简化为 ME。

LINE 命令的简化输入方式为 L；XLINE 可简化为 XL；PLINE 可简化为 PL；SPLINE 可简化为 SPL。

RECTANG 命令可简化为 REC；POLYGON 命令可简化为 POL。

CIRCLE 命令可简化为 C；ARC 命令可简化为 A；DONUT 命令可简化为 DO；EL-LIPSE 命令可简化为 EL。

1. 对面域进行的布尔运算有＿＿＿＿＿、＿＿＿＿＿和＿＿＿＿运算。

2. 有哪几种孤岛检测方式？

3. 利用基本绘图命令绘制如图2－22所示的图形。

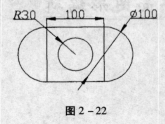

图 2 – 22

模块三

平面图形编辑

 **本章概述**

本章介绍了平面图形的各种编辑方法。利用 AutoCAD 的图形编辑功能，可构造复杂的图形对象，合理安排图形的位置和旋转角度，缩放图形对象。

 教学目标

1. 掌握选择对象的各种方法及各类图形编辑命令。
2. 能熟练编辑图形，使用各种命令对图形进行选择、修改、复制等。

* * * * * * * * * * * *

项目一　对象选择

一、直接选择方式

当命令行提示"选择对象"，光标变成口形状时，直接在绘图窗口选择要编辑的对象，被选中的对象轮廓将变成虚线，可以连续选择多个对象。直接选择方式是最常用的对象选择方法，例：图 3 – 1 所示图形中，被选中的圆变为虚线轮廓。

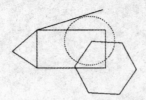

图 3 – 1　直接选择

在命令行输入 ALL ↙，则为选择绘图窗口内全部对象。关闭、冻结、锁定的图层不会被选中。

二、规则窗口选择方式

当提示"选择对象"后，在绘图窗口的空白处单击鼠标选择一个拾取点，按住鼠标左键不放，移动光标，在另一空白处单击鼠标，以这两个拾取点为对角点将确定一个矩形。矩形内部的区域将被选中。

拾取点的起始位置

如果是从左向右拾取两个拾取点，那么，只有完全包含于矩形内的图形对象才被选中，这种选择方式称为窗口选择；如果是从右向左拾取两个拾取点，那么，包含于矩形内的对象和矩形相交的对象都被选中，这种选择方式称为窗交选择。

例：图 3-2 所示窗口选择；图 3-3 所示窗交选择。对比这两个图可看出窗口和窗交的不同选择效果。

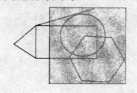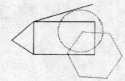　　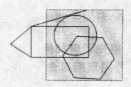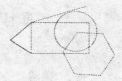

图 3-2　窗口选择　　　　　　　　　　图 3-3　窗交选择

三、不规则窗口选择方式

当提示"选择对象"后，在命令行输入 WP ✓，就可以在绘图窗口构造一个任意形状多边形区域，多边形区域内的对象都被选中，这种方式称为圈围选择。

当提示"选择对象"后，在命令行输入 CP ✓，就同样可以在绘图窗口构造一个任意形状多边形区域，多边形内的图形对象、和多边形相交的图形对象都被选中，这种方式称为圈交选择。

四、栏选

当提示"选择对象"后，在命令行输入 F ✓，就可以在绘图窗口构造一条任意形状的多段线，凡是和该多段线相交的图形对象都被选中，这种选择对象方式称为栏选。

五、快速选择

快速选择用于选择具有共同属性的对象集合。快速选择调用方法：
- 菜单：工具（T）→快速选择（K）
- 命令行：QSELECT ✓。

执行命令后，系统弹出"快速选择"对话框，如图 3-4 所示。
该对话框各选项含义如下：
- 应用到（Y）下拉列表框：指定进行快速选择的对象，单击右边的按钮选择要进行对象选择的对象集。否则默认为选择所有图元。

●对象类型（B）下拉列表框：指定需要选取的对象类型，点、直线、圆、多段线等。

●特性（P）文本框：用于过滤对象特性。此文本框列出了当前选定对象的所有特性。选择需要进行特性过滤的特性，在下面的运算符（O）和值（V）中进行筛选。

●如何应用选项区：选中包括在新的选择集（I）单选按钮，则符合筛选条件的对象组成一个新的选择集；选中排除在新选择集之外（E），则不符合筛选条件的对象组成一个新的选择集。

●附加到当前选择集（A）复选框：选中该复选框，保存当前的选择设置。

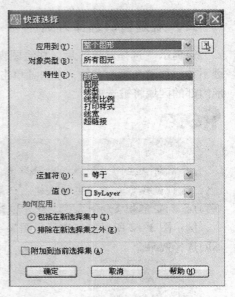

图3-4 "快速选择"对话框

项目二 对象修改

一、删除

删除命令调用方法：

●菜单：修改（M）→ 删除（E）。
●工具栏：右上角 图标。
●命令行：ERASE ↙

这个命令应用非常简单，先执行命令，再选择对象，按 Enter 键就删除选中的对象了。也可先选择对象再执行命令。如果不小心误删对象，可以执行 UNDO 命令，选择需要恢复的次数，以恢复到合适状态。

二、移动、旋转和缩放

这3个命令本身不改变图形的特征，仅仅是改变图形的位置或大小比例。

1. 移动

移动命令和复制命令的使用方法相同，移动后删除原对象。移动命令调用方法：

●菜单：修改（M）→ 移动（V）.
●工具栏：右边中上 图标。
●命令行：MOVE ↙

执行命令后，命令行提示如下：

●命令：MOVE
●选择对象：选择完毕按 Enter 键
●指定基点或［位移（D）］＜位移＞：指定一个基点，选择 D ↙ 则选择移动后图形相对原图形的位移
●指定第二点或＜使用第一个点作为位移＞：指定一个点，将所选对象按基点与指定点所确定的方向进行移动

例：移动图 3-5 左图所示的小圆到最左边。具体操作如下：

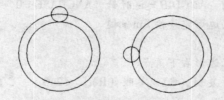

图 3-5　左图为移动前图形，右图为移动后图形

- 命令：MOVE
- 选择对象：选择小圆
- 选择对象：↙
- 指定基点或［位移（D）］＜位移＞：选择小圆圆心
- 指定第二点或＜使用第一个点作为位移＞：捕捉大圆的最左点作象限点

2. 旋转

调用方法：

- 菜单：修改（M）→○旋转（R）。
- 工具栏：右边中间○图标。
- 命令行：ROTATE↙。

执行命令后，命令行提示如下：

- 命令：rotate
- UCS 当前的正角方向：ANGDIR ＝逆时针，ANGBASE ＝0
- 选择对象：选择完毕按 Enter 键
- 指定基点：指定一个旋转基点
- 指定旋转角度，或［复制（C）/参照（R）］＜330＞：输入旋转角度，默认角度为0

部分选项含义如下：

- 复制（C）：保留旋转前的对象。
- 参照（R）：设定一个角度为参照角，旋转后对象角度＝输入角度－参照角。

例：绘制图 3-6 所示的图形。

利用"圆"和"正多边形"命令绘制图 3-6 所示的图形，基本图形如图 3-7 所示。

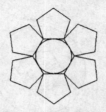

图 3-6　旋转复制图形

图 3-7　基本图形

执行"旋转"命令，复制旋转正五边形，具体操作如下：

- 命令：rotate
- UCS 当前的正角方向：ANGDIR = 逆时针，ANGBASE = 0
- 选择对象：选择正五边形完毕按 Enter 键
- 选择对象：↙
- 指定基点：选择正五边形右下角点
- 指定旋转角度，或［复制（C）/参照（R）］<240>：C↙
- 旋转一组选定对象
- 指定旋转角度，或［复制（C）/参照（R）］<240>：-132↙
- 重复命令，选择新复制图形的右下角点，完成图形

3. **缩放**

缩放用于改变图形对象本身的大小，这和 ZOOM 命令是不同的，ZOOM 只是改变观察者的距离，并不改变图形对象本身的大小。缩放命令调用方法：

- 菜单：修改（M）→□缩放（L）
- 工具栏：右边中间□图标。
- 命令行：SCALE↙。

执行命令后，命令行提示信息如下：

- 命令：SCALE↙
- 选择对象：选择完毕按 Enter 键
- 指定基点：对象依据比例因子改变相对基点的距离
- 指定比例因子或［复制（C）/参照（R）］<2.0000>：输入比例因子数值

各选项含义如下：

- 复制（C）：保留缩放前的对象。
- 参照（R）：指定参照长度，系统根据参照长度确定比例因子。比例因子 =1/参照长度。

例：将图 3-8 所示图形的正六边形以中心点为基点缩小一倍。

具体操作如下：

- 命令：scale↙
- 选择对象：选择正六边形
- 选择对象：↙
- 指定基点：选择中心点
- 指定比例因子或［复制（C）/参照（R）］<1.00>：0.5↙

结果如图 3-9 所示。

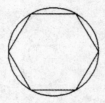
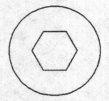

图 3-8　缩放前　　　　　　图 3-9 缩放后

三、修剪和延伸

1. 修剪

修剪命令用于剪掉多余的图形对象。修剪命令调用方法：

- 菜单：修改（**M**）→ 修剪（**T**）。
- 工具栏：右边 图标。
- 命令行：TRIM ↙。

执行命令后，命令行提示信息如下：

- 命令：trim
- 当前设置：投影＝UCS，边＝无
- 选择剪切边
- 选择对象或＜全部选择＞：选择剪切边界
- 选择要修剪的对象，或按住 Shift 键选择要延伸的对象，或［栏选（F）/窗交（C）/投影（P）/边（E）/删除（R）/放弃（U）］：选择要剪切掉的对象，可以操作剪掉若干个对象

部分选项含义如下：

- 投影（P）：设置投影模式，在平面图形中，默认在 XOY 形成的平面上修剪。
- 边（E）：设置修剪边是否延伸，如果设置为延伸模式，则对修剪边进行无限延伸，和修剪边延伸相交的对象都可能被修剪。
- 删除（R）：被选中的对象将被删除。

例：利用修剪命令绘制如图 3－10 所示的图形。

利用阵列和圆命令绘制图 3－11 所示的图形。然后执行 TRIM ↙（修剪）命令，选择大圆作为修剪边，剪掉 8 个小圆在大圆外部的部分；再次执行 TRIM ↙（修剪）命令，选择剩下的 8 个残缺小圆作为修剪边，剪掉大圆位于小圆内的圆周。具体操作如下：

图 3－10 修剪应用　　　　图 3－11 基本图形

- 命令：trim
- 当前设置：投影＝UCS，边＝五
- 选择剪切边
- 选择对象或＜全部选择＞：选择大圆
- 选择对象：↙
- 选择要修剪的对象，或按住 Shift 键选择要延伸的对象，或［栏选（F）/窗交（C）/投影（P）/边（E）/删除（R）/放弃（U）］：剪掉 12 个小圆在大圆圆周外面的部分
- 选择要修剪的对象，或按住 Shift 键选择要延伸的对象，或［栏选（F）/窗交（C）/

投影（P）/边（E）/删除（R）/放弃（U）]：↙

- 命令：trim
- 当前设置：投影＝UCS，边＝无
- 选择剪切边
- 选择对象或＜全部选择＞：选择全部小圆
- 选择对象：↙
- 选择要修剪的对象，或按住 Shift 键选择要延伸的对象，或［栏选（F）/窗交（C）/投影（P）/边（E）/删除（R）/放弃（U）]：剪掉大圆在小圆内的圆周
- 选择要修剪的对象，或按住 Shift 键选择要延伸的对象，或［栏选（F）/窗交（C）/投影（P）/边（E）/删除（R）/放弃（U）]：↙

实际上，更为一般的做法是一次性选择大圆和小圆，两者互为剪切边和修剪对象进行修剪。

2. 延伸

延伸则用于产生新的图形对象。延伸命令调用方法：

- 菜单：修改（M）→延伸（D）。
- 工具栏：右边图标。
- 命令行：EXTEND↙。

执行命令后，命令行提示信息如下：

- 命令：extend
- 当前设置：投影＝UCS，边＝无
- 选择边界的边
- 选择对象或＜全部选择＞：选择延伸边界
- 选择要延伸的对象，或按住 Shift 键选择要延伸的对象，或［栏选（F）/窗交（C）/投影（P）/边（E）/删除（R）/放弃（U）]：选择延伸对象，其他选项含义同修剪一样

例：延伸图 3 - 12 所示的直线 L_2、L_3。

具体操作过程如下：

- 命令：extend
- 当前设置：投影＝UCS，边＝无
- 选择边界的边
- 选择对象或＜全部选择＞：选择 L_1 和 L_3
- 选择对象：↙
- 选择要延伸的对象，或按住 Shift 键选择要延伸的对象，或［栏选（F）/窗交（C）/投影（P）/边（E）/删除（R）/放弃（U）]：选择 L_2 左边部分
- 选择要延伸的对象，或按住 Shift 键选择要延伸的对象，或［栏选（F）/窗交（C）/投影（P）/边（E）/删除（R）/放弃（U）]：选择 L_2 右边部分
- 选择要延伸的对象，或按住 Shift 键选择要延伸的对象，或［栏选（F）/窗交（C）/投影（P）/边（E）/删除（R）/放弃（U）]：选择 L_3 左边部分
- 选择要延伸的对象，或按住 Shift 键选择要延伸的对象，或［栏选（F）/窗交（C）/投影（P）/边（E）/删除（R）/放弃（U）]：↙

结果如图 3 - 13 所示。

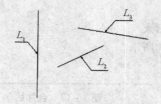
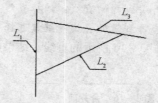

图 3－12　延伸前　　　　　　图 3－13　延伸结果

四、打断和合并

1. 打断

打断命令用于去掉对象多余的部分。调用方法：

- 菜单：修改（**M**）→ 🗔 打断（**K**）。
- 工具栏：右下 🗔 图标。
- 命令行：BREAK ✓。

执行命令后，命令行提示信息如下：

- 命令：break
- 选择对象：以拾取点作为第一个打断点
- 指定第二个打断点或［第一个点（F）］：选择第二点，输入 F ✓ 则重新指定两个点为打断点

执行后，两个点之间的线段将被删除。

如果仅仅需要打断对象，可以执行工具栏的图标按钮打断点命令。

例：将图 3－14 所示图形的下边打断出一个缺口。结果如图 3－15 所示。

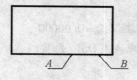
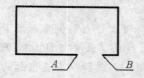

图 3－14　打断前　　　　　　图 3－15　打断结果

具体操作如下：

- 命令：break
- 选择对象：选择点 A
- 指定第二个打断点或［第一个点（F）］：选择点 B

2. 合并

合并则用于将同类对象生成完整的图形对象。调用方法：

- 菜单：修改（**M**）→ ✛ 合并（**J**）。
- 工具栏：右下 ✛ 图标。
- 命令行：JOIN ✓。

执行命令后，命令行提示信息如下：

- 命令：join
- 选择源对象：选择源对象

● 选择要合并到源的直线：选择直线

● 选择要合并到源的直线：继续选择直线，↵结束

例：合并图3－16所示的直线。结果如图3－17所示。

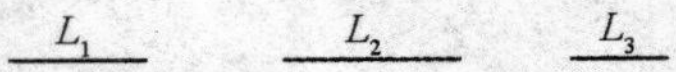

| L_1 | L_2 | L_3 | | L_1 | L_2 | L_3 |

图3－16　合并前 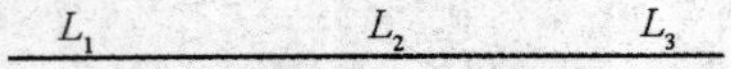　　　　　　　　　　　图3－17　合并后

具体操作如下：

● 命令：join

● 选择源对象：选择L_1

● 选择要合并到源的直线：选择L_2

● 选择要合并到源的直线：选择L_3

● 选择要合并到源的直线：↵

五、倒角和圆角

倒角命令用于在两条直线间绘制一个倾斜角。圆角命令用于给两个对象添加指定半径的圆弧。

1. 倒角

调用方法：

● 菜单：修改（<u>M</u>）→ 倒角（<u>C</u>）。

● 工具栏：右下 图标。

● 命令行：CHAMFER↵。

执行命令后，命令行提示信息如下：

● 命令：chamfer

● （"修剪"模式）当前倒角距离1＝0.0000，距离2＝0.00000

● 选择一条直线或［放弃（U）／多段线（P）距离（D）／角度（A）／修剪（T）／方式（E）／多个（M）］：选择一条直线作为倒角边

● 选择第二条直线，或按住Shift键选择要应用角点的直线：选择第二条直线

各选项含义如下：

● 多段线（P）：对多段线的各个顶点进行倒角处理。

● 距离（D）：设置第一和第二个倒角距离。

● 角度（A）：根据一个角度和一段距离来设置倒角距离。

● 修剪（T）：设置生成倒角后是否修剪倒角边。

● 方式（E）：选择距离（D）或角度（A）方式进行倒角。

● 多个（M）：一次性进行多个倒角操作。

例：对矩形4个角点进行倒角操作，并设置左边两个角点倒角模式为修剪（T）、右边为不修剪（N）模式。结果如图3－18所示。

图 3-18 左边倒角为修剪（T）模式；右边倒角为不修剪（N）模式

具体操作如下：

- 命令：chamfer
- （"修剪"模式）当前倒角距离 1 = 0.00，距离 2 = 0.00
- 选择一条直线或［放弃（D）/多段线（P）/距离（D）/角度（A）/修剪（T）/方式（E）/多个（M）]：D↙
- 指定第一个倒角距离 <0.00>：20
- 指定第二个倒角距离 <20.00>：↙
- 选择一条直线或［放弃（D）/多段线（P）距离（D）/角度（A）/修剪（T）/方式（E）/多个（M）]：选择左边棱边
- 选择第二条直线，或按住 Shift 键选择要应用角点的直线：选择上边棱边
- 用同样方法生成左边第二个倒角。
- 命令：chamfer
- （"修剪"模式）当前倒角距离 1 = 20.00，距离 2 = 20.00
- 选择一条直线或［放弃（D）/多段线（P）距离（D）/角度（A）/修剪（T）/方式（E）/多个（M）]：T↙
- 输入修剪选项［修剪（T）/不修剪（N）] <修剪>：N↙
- 选择一条直线或［放弃（D）/多段线（P）/距离（D）/角度（A）/修剪（T）/方式（E）/多个（M）]：选择左边棱边
- 选择第二条直线，或按住 Shift 键选择要应用角点的直线：选择上边棱边

2. 圆角

调用方法：

- 菜单：修改（M）→ 圆角（F）。
- 工具栏：右下 图标。
- 命令行：FILLET ↙。

执行命令后，命令行提示信息如下：

- 命令：fillet
- 当前设置：模式 = 修剪，半径 = 0.0000
- 选择第一个对象或［放弃（D）/多段线（P）/半径（R）/角度（A）/修剪（T）/多个（M）]：选择对象
- 选择第二个对象，或按住 Shift 键选择要应用角点的对象：选择第二个对象

部分选项含义如下：

- 半径（R）选项为设定圆角的半径。除了该选项，其他选项含义和倒角一样。

例：使用修剪（T）模式对正五边形的角点进行圆角操作，结果如图 3-19 所示。
具体操作如下：

- 命令：fillet
- 当前设置：模式＝修剪，半径＝0.0000
- 选择第一个对象或［放弃（D）／多段线（P）／半径（R）／角度（A）／修剪（T）／多个（M）］：R

图3-19　圆角图形

- 指定圆角半径＜0.00＞：30 ✓
- 选择第一个对象或［放弃（D）／多段线（P）／半径（R）／角度（A）／修剪（T）／多个（M）］：T
- 输入修剪选项［修剪（T）／不修剪（N）］＜不修剪＞：T ✓
- 选择第一个对象或［放弃（D）／多段线（P）／半径（R）／角度（A）／修剪（T）／多个（M）］：M
- 选择第一个对象或［放弃（D）／多段线（P）／半径（R）／角度（A）／修剪（T）／多个（M）］：选择一条棱边
- 选择第二个对象，或按住Shift键选择要应用角点的对象：选择相邻棱边，重复操作生成5个圆周
- 选择第一个对象或［放弃（D）／多段线（P）／半径（R）／角度（A）／修剪（T）／多个（M）］：✓

六、编辑多段线

编辑多段线命令用于编辑创建的多段线或将多条直线、曲线转换成多段线。

命令调用方法：
- 菜单：修改（M）→对象（O）→多段线（P）
- 命令行：PEDIT ✓。

执行命令后，命令行提示信息如下：
- 命令：pedit
- 选择多段线或［多条（M)]：选择要编辑的多段线或选择其他类型线段，将其他转换成多段线
- 输入选项［闭合（C）／合并（J）／宽度（W）／编辑顶点（E）／拟合（F）／样条曲线（S）／非曲线化（D）／线性生成（L）／放弃（U)]：✓

部分选项含义如下：
- 闭合（C）：将没有闭合的多段线闭合。
- 合并（J）：将多条多段线或其他类型线段转换为一条多段线，各线段必须相邻。
- 宽度（W）：赋予多段线一定的线宽。

例：将图3-20所示的多条线段转换成一条多段线。由图中夹点可以看出，图3-20由6条相邻的线段组成。

具体操作如下：
- 命令：pedit
- 选择多段线或［多条（M)]：M ✓
- 选择对象：选择所有直线
- 选择对象：✓

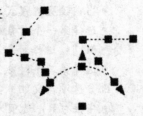

图3-20　多条线段

- 是否将直线和圆弧转换为多线段？［是（Y）／否（N）]？＜Y＞

●输入选项［闭合（C）/合并（J）/宽度（W）/编辑顶点（E）/拟合（F）/样条曲线（S）/非曲线化（D）/线性生成（L）/放弃（U）］：J ✍

●合并类型＝两者都（延伸或添加）

●输入模糊距离或［合并类型（J）］＜0.0000＞：✍

●多段线已增加 4 条线段

●输入选项［闭合（C）/合并（J）/宽度（W）/编辑顶点（E）/拟合（F）/样条曲线（S）/非曲线化（D）/线性生成（L）/放弃（U）］：✍

结果如图 3 - 21 所示，由夹点数目和位置可以看出，6 条线段已经转化为一条多段线。

图 3 - 21　转为 1 条多段线

项目三　对象复制

对象复制命令包括复制、镜像、偏移和阵列。利用这些命令，可以在原有的图形对象基础上产生新的图形对象。

一、复制

复制命令调用方法：

●菜单：修改（M）→复制（Y）。

●工具栏：右边图标。

●命令行：COPY ✍。

执行命令后，命令行提示信息如下：

●命令：copy

●选择对象：选择要复制的对象或对象集，按 Enter 键以继续完成编辑命令

●指定基点或［位移（D）］＜位移＞：指定一个点作为基点，输入 D ✍表示指定复制图形相对原图形的位移

●指定第二点或＜使用第一个点作为位移＞：指定一个点，将所选对象按基点与指定点所确定的位移矢量进行复制

●指定第二个点或［退出（E）/放弃（U）］＜退出＞：指定新的"第二个点"不断复制对象，实现多次复制

例：绘制图 3 - 22 所示的图形。

利用"圆"命令和"象限点"捕捉模式绘制一个半径为 20 的圆和一个半径为 5 的圆。此时图形如图 3 - 23 所示。

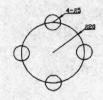

图3-22 复制结果　　　　图3-23 绘制基本图形

执行"复制"命令，复制其他3个小圆，具体操作如下：

- 命令：copy
- 选择对象：选择小圆
- 选择对象：↙
- 指定基点或 [位移（D）] ＜位移＞：选择小圆圆心
- 指定第二点或＜使用第一个点作为位移＞：选择大圆的象限点
- 指定第二个点或 [退出（E）/放弃（U）] ＜退出＞：选择大圆的另一个象限点
- 指定第二个点或 [退出（E）/放弃（U）] ＜退出＞：选择大圆的另一个象限点
- 指定第二个点或 [退出（E）/放弃（U）] ＜退出＞：↙

二、镜像

镜像命令调用方法：

- 菜单：修改（M）→ 🔼 镜像（I）
- 工具栏：右边 🔼 图标。
- 命令行：MIRROR ↙

执行命令后，命令行提示信息如下：

- 命令：mirror
- 选择对象：选择要进行镜像的对象
- 指定镜像线的第一点：指定第一点
- 指定镜像线的第二点：指定第二点
- 要删除源对象吗？是（Y）/否（N）] ＜N＞：选择Y，源对象被删除；选择N，保

留源对象

文字的镜像处理

当文字属于镜像对象时，有两种镜像处理方式：一种为文字完全镜像；另一种是文字可读镜像。这两种镜像状态由系统变量 MIRRTEXT 控制。系统变量 MIRRTEXT 的值为1时，文字作完全镜像；为0时，文字则按可读方式镜像。图3-24显示了 MIRRTEXT 不同时的文字镜像效果。

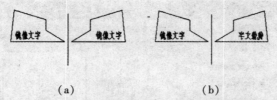

（a）　　　　　　　　　　（b）

图3-24　MIRRTEXT 不同时的文字镜像效果

（a）MIRRTEXT=0 的镜像效果；（b）MIRRTEXT=1 的效果

镜像线不必是存在的直线，用户可通过输入两点来指定一条假想线作为镜像线。

例：绘制图3-25 所示的图形。

先利用"圆"和"正多边形"命令绘制如图3-26 所示的图形。

图3-25　镜像结果　　　　　　图3-26　基本图形

执行"镜像"命令，镜像正三角形．具体操作过程如下：

- 命令：mirror
- 选择对象：选择正三角形
- 选择对象：↙
- 指定镜像线的第一点：选择圆的左象限点
- 指定镜像线的第二点：选择圆的右象限点
- 要删除源对象吗？是（Y）/否（N）] <N>：选择N↙

三、阵列

阵列指将选中的对象按矩形或环形方式进行多重复制。复制一次只能产生一个新对象，阵列能一次产生多个新对象。阵列调用方法：

- 菜单：修改（M）→阵列（A）。
- 工具栏：右边图标。
- 命令行：ARRAY↙。

执行命令后，弹出"阵列"对话框，如图3-27 所示。

该对话框各选项含义如下：

（1）矩形阵列

"行"文本框：指定矩形阵列的行数。

"列"文本框：指定矩形阵列的列数。

偏移距离和方向选项组：该选项组用于确定矩形阵列的行间距、列间距和阵列的旋转角度。用户可分别在行偏移（F）、列偏移（M）、和阵列角度（A）文本框中输入具体的数值，也可以单击相应的按钮，切换到绘图窗口拾取。在默认情况下，如果行偏移（F）为

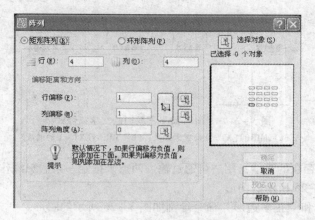

图3-27 "阵列"对话框

正值，阵列后的行会添加在原对象的上方；为负值时则添加在下方。如果列偏移（M）为正值，阵列后的列添加在原对象的右边；反之则在左边。

　　预览按钮：设置好矩形阵列后，用户可以通过"预览"按钮来预览阵列后的对象，此时，系统弹出图3-28所示的对话框。单击"接受"钮，则执行当前的阵列设置；单击"修改"按钮返回"阵列"对话框修改阵列设置。单击"取销"按钮退出操作，不执行阵列命令。

图3-28 阵列预览选择

（2）环形阵列：

　　选择单选"环形阵列"按钮，"阵列"对话框切换到环形阵列设置模式，如图3-29所示。

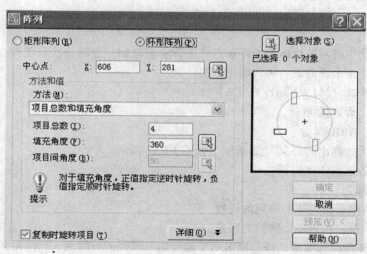

图3-29 "阵列"对话框的"环形阵列"选项

●中心点文本框：确定环形阵列的中心点。用户可直接在文本框中输入 X 和 Y 坐标，也可通过返回绘图窗口拾取阵列中心点。

●方向和值选项组：通过方法（M）下拉列表可选择项目总数和填充角度、项目总数和项目间的角度、填充角度和项目间的角度三种阵列模式。相应的本框用于输入对应的数值。

●单击伸缩按钮"详细"将弹出对象基点选项区，用于选择阵列对象旋转的基点。

●"复制时旋转项目"复选框：选中该复选框，则阵列对象以中心点为对称点旋转。否则对象不旋转，如图 3 - 30 所示。

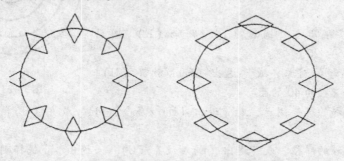

图 3 - 30　左图为复制时旋转项目，右图为复制时不旋转项目

四、偏移

偏移指令对选定圆、圆弧等作同心复制，对于直线，则是作平行线。偏移命令调用方法：

●菜单：修改（M）→ 偏移（S）

●工具栏：右边 图标。

●命令行：OFFSET ↙

执行命令后，命令行提示信息如下：

●命令：OFFSET ↙

●当前设置：删除源 = 否　图层 = 源　OFFSETGAPTYPE = 0

●指定偏移距离或［通过（T）/删除（E）/图层（L）］< 0.0000 >：指定新对象偏移原对象的距离

●选择要偏移的对象，或［退出（E）/放弃（U）］< 退出 >：选择要偏移的对象

●指定要偏移的那一侧点，或［退出（E）/多个（M）/放弃（U）］< 退出 >：再要偏移的一侧任意指定一点

●选择要偏移的对象，或［退出（E）/放弃（U）］< 退出 >：继续选择对象进行偏移，按 Enter 键结束

部分选项含义如下：

●通过（T）：指定新对象通过的点，这种方式下，偏移的距离由点的位置确定。

●删除（E）：选择是否删除原对象。

●图层（L）：选择当前（C），则不论原对象在哪个图层，偏移的对象都位于当前图层；选择源（S），则偏移对象和原对象处于同一图层。

● 多个（M）：用于一次性进行多次偏移。

注意：对圆弧进行偏移时，圆弧的角度不变，弧长发生变化。

例：绘制图3-31所示的图形。

先绘制直径为40的圆，然后执行"偏移"命令，绘制其他3个圆，具体操作如下：

● 命令：OFFSET ↙

● 当前设置：删除源=否 图层=源 OFFSETGAPTYPE=0

● 指定偏移距离或［通过（T）/删除（E）/图层（L）］<0.0000>：20 ↙

● 选择要偏移的对象，或［退出（E）/放弃（U）］<退出>：选择直径为40的圆

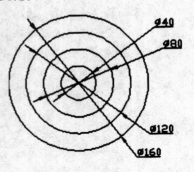

图3-31 偏移圆

● 指定要偏移的那一侧点，或［退出（E）/多个（M）/放弃（U）］<退出>：圆的外侧

● 选择要偏移的对象，或［退出（E）/放弃（U）］<退出>：选择刚刚偏移的圆

● 指定要偏移的那一侧点，或［退出（E）/多个（M）/放弃（U）］<退出>：圆的外侧

● 选择要偏移的对象，或［退出（E）/放弃（U）］<退出>：选择刚刚偏移的圆

● 指定要偏移的那一侧点，或［退出（E）/多个（M）/放弃（U）］<退出>：圆的外侧

● 选择要偏移的对象，或［退出（E）/放弃（U）］<退出>：↙

每章一练

1. 文字的两种镜像效果为_____和_____。

2. SCALE命令和ZOOM命令有什么不同？

3. 倒角和圆角的修剪模式和不修剪模式有什么差别？

4. 绘制如图3-32所示的图形。

5. 绘制如图3-33所示的图形。

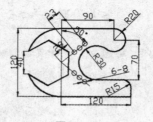

图3-32

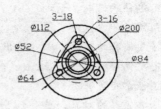

图3-33

模块四　文字、表格和尺寸标注

 **本章概述**

AutoCAD 提供了强大的文字输入、尺寸标注和文字、尺寸编辑功能，而且支持多种字体，并允许用户定义不同的文字样式，以达到多种多样的文字注释效果。本章将详细地介绍如何利用 AutoCAD 进行图样中文字、尺寸的标注和编辑。

 教学目标

1. 了解文字样式，学会怎样创建和编辑文字。
2. 创建表格，学会尺寸标注及其编辑。

* * * * * * * * * * *

项目一　文字样式

在工程图样中，不同位置的文字注释需要采用不同的字体，即使采用相同的字体也可能需要使用不同的样式，这些文字注释的效果都可以通过定义不同的文字样式来实现。

一、文字样式

文字样式可以理解为定义了一定的字体、大小、排列方式、显示效果等一系列特征的文字。AutoCAD 使用的字体是由一种形（SHAPE）文件定义的矢量化字体，它存放在文件夹FONTS 中，如 txt. shx，romans. shx，isocp. shx 等。每一种字体文件，采用不同的大小、高宽比、字体倾斜角度等，可定义多种字样。系统默认使用的字样名为 STANDARD，它根据字体文件 txt. shx 定义生成。AutoCAD 2008 还允许用户使用 Windows 提供的包括宋体、仿宋体、隶书、楷体等 True Type 字体和特殊字符。

二、设置文字样式

输入方式：
- 菜单：格式→文字样式。
- 命令行：STYLE 或 DDSTYLE。

执行命令后，输入行提示如下：

● 命令：STYLE ✓

系统自动执行该命令，打开如图4-1所示的"文字样式"对话框。

该对话框中有4个区域，下面分别对其说明如下：

● 样式名区域：用于样式的建立、重命名和删除操作。其中的下拉列表框中列出当前图形中已定义的文字样式名称，用户可以从中选择一种作为当前的文字样式；

● "新建"按钮用于创建新的文字样式，如图4-2所示；

● "重命名"按钮用于将选中的文字样式更名。

● "删除"按钮用于将不使用的文字样式删除。

● 字体区域：用于字体的选择和字体高度的设定。

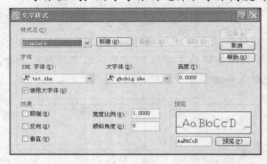

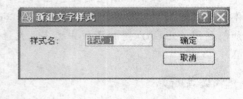

图4-1　"文字样式"对话框　　　　　图4-2　"新建文字样式"对话框

"字体名"下拉列表框中给出了可以选用的字体名称，包括shx类型的矢量字体和True Type字体；当选用True Type字体时，允许用户在"字体样式"中选择常规、粗体、粗斜体、斜体等样式；当选用矢量字体时，"使用大字体"复选框可以被选中，选中后可以在"字体样式"中选择大字体的样式。

"高度"编辑框用于确定文字的高度。

● 效果区域：其中的"颠倒"、"反向"、"垂直"复选框用于确定文字特殊放置效果，从字面就可以理解其含义；

"宽度比例"编辑框用于确定文字的宽度和高度的比例。

"倾斜角度"编辑框用于确定文字的倾斜角度。

● 预览区域：用于观察定义的文字样式的显示效果。

文字样式

1. 如果用户要使用不同于系统默认样式STANDARD的文字样式，最好的方法是自己建立一个新的文字样式，而不要对默认样式进行修改。

2. 系统默认样式STANDARD不允许删除或重命名。

3. "大字体"是针对中文、韩文、日文等符号文字的专用字体。若要在单行文字中使用汉字，必须将"字体"设置为"大字体"，并选择对应的汉字大字体。

项目二 创建文字

AutoCAD 提供了两种创建文字的工具，即创建单行文字命令和创建多行文字命令。下面就分别介绍这两种创建文字命令。

一、创建单行文字

输入方式

- 菜单：绘图→文字→单行文字。
- 命令行：TEXT。

命令执行后，输入行提示如下：

- 命令：TEXT ↙
- 当前文字样式：Standard 当前文字高度：2.5000
- 指定文字的起点或 [对正（J）/样式（S）]：（指定文字的起始点）
- 指定高度 <2.5000>：（指定文字的高度）
- 指定文字的旋转角度 <0>：（指定文字的倾斜角度）
- 输入文字：（输入文字内容）
- 输入文字：（继续输入下一行文字，或回车结束命令）

各选项说明含义如下：

- 对正（J）：用于设定输入文字的对正方式，即文字的哪一部分与所选的起始点对齐。选择该选项，系统提示如下：
- 输入选项 [对齐（A）/调整（F）/中心（C）/中间（M）/右（R）/左上（TL）/中上（TC）/右上（TR）/左中（ML）/正中（MC）/右中（MR）/左下（BL）/中下（BC）/右下（BR）]：

AutoCAD 提供了基于水平文字行定义的顶线、中线、基线和底线以及 12 个对齐点的 14 种对正方式，用户可以根据文字书写外观布置要求，选择一种适当的文字对正方式。

- 样式（S）：用于确定当前使用的文字样式。

二、创建多行文字

输入方式

- 菜单：绘图→文字→多行文字。
- 工具栏：绘图→多行文字。
- 命令行：MTEXT。

命令执行后，输入行提示如下：

- 命令：MTEXT ↙
- 当前文字样式："Standard" 当前文字高度：2.5
- 指定第一角点：（指定代表文字位置的矩形框左上角点）
- 指定对角点或 [高度（H）/对正（J）/行距（L）/旋转（R）/样式（S）/宽度（W）]：（指定矩形框右下角点）

在指定矩形框右下角点时,屏幕上动态显示一个矩形框,文字按默认的左上角对正方式排布,矩形框内有一箭头,表示文字的扩展方向。指定完该角点后,系统弹出多行文字的文字格式编辑器,如图4-3所示。该编辑器与 Windows 文字处理程序很类似,可以灵活方便地对文字进行输入和编辑。

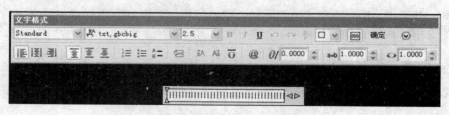

图4-3 文字格式

"文字格式"工具栏用来控制文字的显示特性。

1. "文字格式"工具栏

● 文字高度下拉列表框:确定文字的字符高度,可在其中直接输入新的字符高度,也可从下拉列表中选择已设定过的高度。

● B 和 I 按钮:这两个按钮用来设置粗体或斜体效果。这两个按钮只对 True Type 字体有效。

● "下划线U"与"上划线O"按钮:这两个按钮用于设置或取消上(下)划线。

● 堆叠按钮 :该按钮为层叠/非层叠文字按钮,用于层叠所选的文字,也就是创建分数形式。AutoCAD 提供了 3 种分数形式,如选中"abcd/efgh"后单击此按钮,得到如图4-4(a)所示的分数形式,如果选中"abcd^efgh"后单击此按钮,则得到图4-4(b)所示的形式,此形式多用于标注极限偏差,如果选中"abcd#efgh"后单击此按钮,则创建斜排的分数形式,如图4-4(c)所示。如果选中已经层叠的文字对象后单击此按钮,则文字恢复到非层叠形式。

● 倾斜角度微调框 :设置文字的倾斜角度。

倾斜角度与斜体效果

倾斜角度与斜体效果是两个不同概念,前者可以设置任意倾斜角度,后者是在任意倾斜角度的基础上设置斜体效果。如图4-5所示,第一行倾斜角度为0°,非斜体;第二行倾斜角度为12°,非斜体;第三行倾斜角度为12°,斜体。

abcd   abcd   abcd/
efgh   efgh   efgh

(a)   (b)   (c)

都市农夫
都市农夫
都市农夫

图4-4 文字层叠   图4-5 倾斜角度与斜体效果

● 符号按钮 :用于输入各种符号。单击该按钮,系统打开符号列表。用户可以从中选择符号输入到文字中。

● 插入字段按钮 ：插入一些常用或预设字段。单击该命令，系统打开"字段"对话框。用户可以从中选择字段插入到标注文字中。

● 追踪微调框 ：增大或减小选定字符之间的距离。1.0 设置是常规间距。设置为大于1.0 可增大间距，设置为小于1.0 可减小间距。

● 宽度比例微调框 ：扩展或收缩选定字符。1.0 设置代表此字体中字母的常规宽度。可以增大该宽度或减小该宽度。

2. "选项"菜单

在"文字格式"工具栏上单击"选项"按钮 ，系统打开"选项"菜单。其中许多选项与 Word 中相关选项类似，这里只对其中比较特殊的选项简单介绍一下：

● （不）透明背景：设置文字编辑框的背景是否透明。

● 符号：在光标位置插入列出的符号或不间断空格。也可以手动插入符号。

● 输入文字：显示"选择文件"对话框。选择任意 ASCII 或 RTF 格式的文件。

● 背景遮罩：用设定的背景对标注的文字进行遮罩。选择该命令，系统打开"背景遮罩"对话框，如图 4－6 所示。

● 删除格式：清除选定文字的粗体、斜体或下划线格式。

● 堆叠/非堆叠：如果选定的文字中包含堆叠字符则堆叠文字；如果选择的是堆叠文字则取消堆叠。该选项只有在文字中有堆叠文字或待堆叠文字时才显示。

图 4－6 "背景遮罩"对话框

● 字符集：显示代码页菜单。选择一个代码页并将其应用到选定的文字。

项目三 编辑文字

AutoCAD 提供了两个文字编辑命令，即 DDEDIT 和 DDMODIFY（或 PROPERTIES），其中 DDEDIT 命令只能修改文字的内容及格式，而 DDMODIFY（或 PROPERTIES）命令则不仅可以修改文字的内容，还可以改变文字的位置、倾斜角度、样式和字高等属性。

一、用 DDEDIT 命令编辑文字

输入方式

● 菜单：修改→对象→文字。

● 命令行：DDEDITHT。

命令执行后，输入行提示如下：

- 命令：DDEDIT ↙
- 选择注释对象或［放弃（U）］：（选择要编辑的文字对象）

选择文字后，则弹出如图4-3所示的"文字格式"对话框，在该对话框中可以实现文字内容的修改。

二、用DDMODIFY命令编辑文字

输入方式：

- 菜单：修改→特性。
- 命令行：DDMODIFY或PROPERTIES。

命令执行后，输入行提示如下：

- 命令：DDMODIFY ↙

系统自动执行该命令，打开如图4-7所示的"特性"对话框，其中列出了所选对象的基本特性和几何特性的设置，用户可以根据需要进行相应的修改。

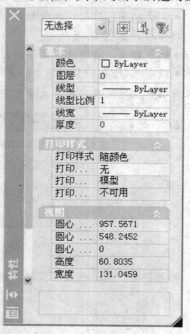

该对话框中各选项含义如下：

- 选择对象按钮：用于选择对象。每选择一个对象，"特性"列表框中的内容就会有相应的变化。
- 快速选择按钮：用于构造快速选择集。
- 基本选项卡：显示对象的基本特性。
- 打印样式选项卡：显示对象的打印特性。
- 视图选项卡：显示对象的几何特性和UCS坐标特性。

修改特性

选择要修改特性的对象，可以采用以下3种方式：

1. 在调用特性修改命令之前，用夹点选中对象；

2. 调用特性修改命令打开"特性"对话框之后，用夹点选择对象；

3. 单击"特性"对话框中的"快速选择"按钮，打开"快速选择"对话框，构造一个选择集。

图4-7 "特性"对话框

项目四　表格

"表格"功能提供快速高效的表格绘制功能。有了该功能，创建表格就变得非常容易。用户可以直接插入设置好样式的表格，而不用绘制由单独的图线组成的栅格。

一、创建表格

输入方式：
- 菜单：绘图→表格。
- 工具栏：绘图→表格 ▦ 。
- 命令行：TABLE。

命令执行后，输入行提示如下：

命令：TABLE ↙

在命令行输入 TABLE 命令，或在"绘图"菜单中选择"表格"命令，或者在"绘图"工具栏中单击"表格"按钮，AutoCAD 打开"插入表格"对话框，如图 4-8 所示。

该对话框各选项含义如下：

图 4-8　"插入表格"对话框

- 指定插入点单选按钮：指定表左上角的位置。
- 指定窗口单选按钮：指定表的大小和位置。
- 列和行的设置选项组：指定列和行的数目以及列宽与行高。

在"插入方式"选项组中选择了"指定窗口"单选按钮后，列与行设置的两个参数中只能指定一个，另外一个有指定窗口大小自动等分指定。

在上面的"插入表格"对话框中进行相应设置后，单击"确定"按钮，系统在指定的插入点或窗口自动插入一个空表格，并显示多行文字编辑器，用户可以逐行逐列输入相应的文字或数据。

在插入后的表格中选择某一个单元格，单击后出现钳夹点，通过移动钳夹点可以改变单元格的大小。如图4-9所示。

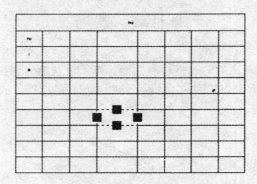

图4-9　改变单元格大小

二、编辑表格

输入方式：

●菜单：选定表和一个或多个单元后，单击右键并单击快捷菜单上的"编辑单元文字"。

●命令行：TABLEDIT。

命令执行后，输入行提示如下：

●命令：TABLEDIT ↙

系统打开多行文字编辑器，用户可以对指定表格单元的文字进行编辑。

在 AutoCAD 中，可以在表格中插入简单的公式，用于计算总计、计数和平均值，以及定义简单的算术表达式。要在选定的表格单元格中插入公式，请单击鼠标右键，然后选择"插入公式"。如图4-10（a）所示。也可以使用在位文字编辑器来输入公式。选择一个公式项后，系统提示：

●选择表单元范围的第一个角点：（在表格内指定一点）

●选择表单元范围的第二个角点：（在表格内指定另一点）

指定单元范围后，系统对范围内的单元格的数值进行指定公式计算，给出最终计算值，如图4-10（b）所示。

	A	B	C
1	Sum Table		
2	10		
3	20		
4	30		
5	=Sum(A2 A4)		
6			

(a)

Sum Table		
10		
20		
30		
60		

(b)

图4-10　进行计算

（a）显示公式；（b）计算结果

项目五 尺寸标注

工程图样中一个完整的尺寸标注包括 4 个要素：尺寸界线、尺寸线、箭头和尺寸文字。

AutoCAD 提供了强大的尺寸标注和编辑命令，如图 4 – 11 所示，这些命令被集中安排在"标注"下拉菜单中，类似地，如图 4 – 12 所示，在"标注"工具栏中也列出了实现这些功能的按钮。利用这两种方式，用户可以方便灵活地进行尺寸标注。

图 4 – 11 "标注"下拉菜单

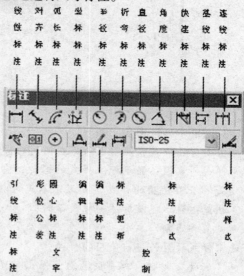

图 4 – 12 "标注"工具栏

一、设置尺寸标注样式

输入方式：

- 菜单：标注→标注样式。
- 命令行：DIMSTYLE 。

命令执行那个后，输入行提示如下：

- 命令：DIMSTYLE ✓

系统自动执行该命令，弹出如图 4 – 13 所示"标注样式管理器"对话框。在该对话框中用户可以完成尺寸标注样式的新建、修改、替代、比较和设置某一样式为当前样式等操作。

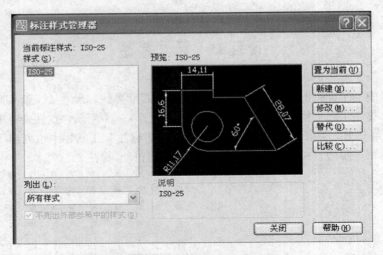

图4-13 "标注样式管理器"对话框

该对话框中各选项含义如下：

● 当前标注样式：显示当前正在使用的样式名称；

● 样式列表框：显示标注样式的名称，它根据"列出"下拉式列表中是选择"所有样式"还是"正在使用的样式"而显示不同的内容；

● 预览：显示当前标注的样式示例；

● "置为当前"按钮：如果在"样式"列表框中选中某一样式的名称，单击该按钮，则将选中样式设置为当前使用的样式；

● "新建"按钮：单击该按钮，弹出如图4-14所示的"创建新标注样式"对话框。其中在"新样式名"文字框中用户可以输入新建样式的名称。单击"继续"按钮，将弹出如图4-15所示的"新建标注样式"对话框，该对话框共有7个选项卡用于定义标注样式的不同状态和参数，通过预览可以即时观察所作定义或者修改的效果。

● "修改"和"替代"按钮：选中某一样式后，单击该按钮，同样弹出与"创建新标注样式"内容相同的对话框，可以分别对该样式的设置进行修改和替代。

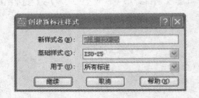

图4-14 "创建新标注样式"对话框

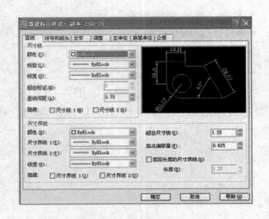

图4-15 "新建标注样式"对话框

"新建标注样式"对话框中各选项卡含义：

1. 直线

在"新建标注样式"对话框中，第一个选项卡就是"直线"，如图4-15所示。该选项卡用于设置尺寸线、尺寸界线的形式和特性。现分别进行说明。

（1）尺寸线选项组　设置尺寸线的特性。其中各选项的含义如下：

● 颜色下拉列表框：设置尺寸线的颜色。可直接输入颜色名字，也可从下拉列表中选择，如果选取"选择颜色"，AutoCAD打开"选择颜色"对话框供用户选择其他颜色。

● 线宽下拉列表框：设置尺寸线的线宽，下拉列表中列出了各种线宽的名字和宽度。

● 超出标记微调框：当尺寸箭头设置为短斜线、短波浪线等，或尺寸线上无箭头时，可利用此微调框设置尺寸线超出尺寸界线的距离。

● 基线间距微调框：设置以基线方式标注尺寸时，相邻两尺寸线之间的距离。

● 隐藏复选框组：确定是否隐藏尺寸线及相应的箭头。

（2）尺寸界线选项组　该选项组用于确定尺寸界线的形式。其中各项的含义如下：

● 颜色下拉列表框：设置尺寸界线的颜色。

● 线宽下拉列表框：设置尺寸界线的线宽。

● 超出尺寸线微调框：确定尺寸界线超出尺寸线的距离。

● 起点偏移量微调框：确定尺寸界线的实际起始点相对于指定的尺寸界线起始点的偏移量。

● 隐藏复选框组：确定是否隐藏尺寸界线。

● 固定长度的尺寸界线复选框：选中该复选框，系统以固定长度的尺寸界线标注尺寸。可以在后面的"长度"微调框中输入长度值。

（3）尺寸样式显示框　在"新建标注样式"对话框的右上方，是一个尺寸样式显示框，该框以样例的形式显示用户设置的尺寸样式。

2. 符号和箭头

在"新建标注样式"对话框中，第二个选项卡就是"符号和箭头"，如图4-16所示该选项卡用于设置箭头和圆心标记。现分别进行说明。

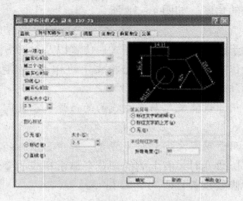

图4-16　"符号和箭头"选项卡

（1）"箭头"选项组　设置尺寸箭头的形式。　AutoCAD提供了多种多样的箭头形状，列在"第一项"和"第二项"下拉列表框中。另外，还允许采用用户自定义的箭头形状。

两个尺寸箭头可以采用相同的形式，也可采用不同的形式。

●第一项下拉列表框：用于设置第一个尺寸箭头的形式，可单击右侧的小箭头从下拉列表中选择，如果在列表中选择了"用户箭头"，则打开"选择自定义箭头块"对话框，可以事先把自定义的箭头存成一个图块，在此对话框中输入该图块名即可。

●第二项下拉列表框：确定第二个尺寸箭头的形式，可与第一个箭头不同。

●引线下拉列表框：确定引线箭头的形式，与"第一项"设置类似。

●箭头大小微调框：设置箭头的大小，相应的尺寸变量是 DIMASZ。

（2）"圆心标记"选项组　设置半径标注、直径标注和中心标注中的中心标记和中心线的形式。　其中各项的含义如下：

●标记：中心标记为一个记号。

●直线：中心标记采用中心线的形式。

●无：既不产生中心标记，也不产生中心线。这时 DIMCEN 的值为0。

●大小微调框：设置中心标记和中心线的大小和粗细。

（3）"弧长符号"选项组　控制弧长标注中圆弧符号的显示。有3个单选项：

●标注文字的前面：将弧长符号放在标注文字的前面。如图4-17（a）所示。

●标注文字的上方：将弧长符号放在标注文字的上方。如图4-17（b）所示。

●无：不显示弧长符号。如图4-17（c）所示。

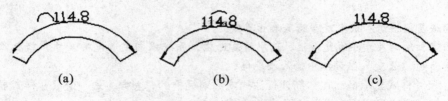

(a)　　　　　　　　(b)　　　　　　　　(c)

图4-17　弧长符号

（4）"半径标注折弯"选项组　控制折弯（Z字形）半径标注的显示。折弯半径标注通常在中心点位于页面外部时创建。在"折弯角度"文字框中可以输入连接半径标注的尺寸界线和尺寸线的横向直线的角度。如图4-18所示。

3. 文字

如图4-19所示，用于设置尺寸数字的样式、位置以及对齐方式。

●文字外观选项组：依次可以设置或者选择文字的样式、颜色、填充颜色、文字高度、分数高度比例和是否给标注文字加上边框。

●文字位置选项组：用于设置文字与尺寸线间的位置关系及间距，其中各项目的含义如图4-20所示。

●文字对齐选项组：用于确定文字的对齐方式。其中各项目的含义如图4-21所示。

当用户对以上内容有所改变时，右上侧的预览会显示相应的变化，用户应该特别注意观察以便确定所作定义或者修改是否合适。

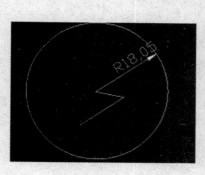

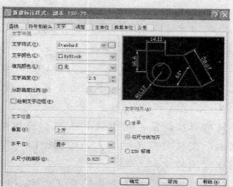

图 4-18 折弯角度   图 4-19 "文字"选项卡

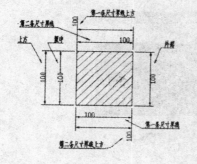

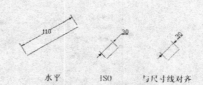

图 4-20 文字与尺寸线的位置关系   图 4-21 文字的对齐方式

4. 调整

如图 4-22 所示，用于设置尺寸数字、箭头、引线和尺寸线的位置关系。

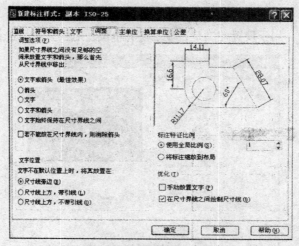

图 4-22 "调整"选项卡

● 调整选项区：依据尺寸界线之间的空间来控制文字和箭头的位置。

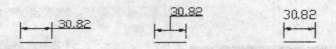

图4-23　文字位置

●文字位置区：设置当文字无法放置在尺寸界线之间时文字的放置位置。其中各项目的含义如图4-23示。

●标注特征比例区：用于设置采用全局比例或图纸空间比例定义尺寸要素。其中"使用全局比例"定义整体尺寸要素的缩放比例："按布局（图纸空间）缩放标注"表示尺寸要素采用图纸空间的比例。

●优化区：用于控制是否手动放置文字和是否始终在尺寸界线间绘制尺寸线。

5. 主单位

如图4-24所示，用于设置尺寸数字的显示精度和比例。

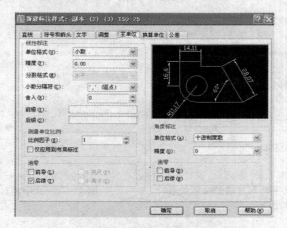

图4-24　"主单位"选项卡

6. 换算单位

如图4-25所示，用于设置控制是否显示换算单位及对换算单位进行设置。

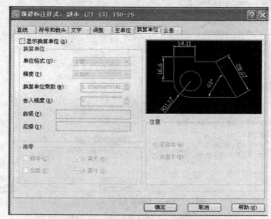

图4-25　"换算单位"选项卡

7. 公差

如图 4 – 26 所示，用于控制尺寸公差的格式及对公差值进行设置。

公差格式区用于控制公差的格式。其中"方式"用于设置公差的标注方式，共有 5 种方式，如图 4 – 27 所示"上偏差、下偏差"用于设置公差数值；"高度比例"用于设置公差数字与尺寸数字之间的比例。

图 4 – 26 "公差"选项卡

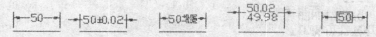

图 4 – 27 公差标注的方式

二、标注长度尺寸

1. 线性标注

输入方式：

- 菜单：标注→线性。
- 工具栏：标注→线性 。
- 命令行：DIMLINEAR。

命令执行后，输入行提示如下：

- 命令：DIMLINEAR ↙
- 指定第一条尺寸界线原点或＜选择对象＞：_ int 于（如图 4 – 28 示，捕捉直线端点"1"，作为第一条尺寸界线的起点）
- 指定第二条尺寸界线原点：_ int 于（如图 4 – 28 所示，捕捉直线端点"2"，作为第二条尺寸界线的起点）
- 指定尺寸线位置或［多行文字（M）/文字（T）/角度（A）/水平（H）/垂直（V）/旋转（R）］：R↙（输入选项"R"，标注倾斜尺寸）

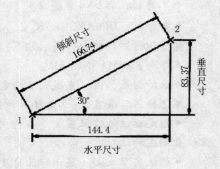

图 4 – 28 线性标注

● 指定尺寸线的角度<05：30 ↙（给出倾斜角度）

● 指定尺寸线位置或［多行文字（M）/文字（T）/角度（A）/水平（H）/垂直（V）/旋转（R）］：（指定尺寸线位置，则以系统自动测量值标注）

● 标注文字＝166.74（显示标注的尺寸数字）

各选项含义如下：

● 选择对象：选择该项，系统要求拾取一条直线或圆弧对象，并自动取其两端点作为尺寸界线的两个起点。

● 多行文字（M）：将弹出多行文字编辑器，允许用户输入复杂的标注文字。

● 文字（T）：系统在命令行显示尺寸的自动测量值，用户可以进行修改。

● 角度（A）：指定尺寸文字的倾斜角度，使尺寸文字倾斜标注。

● 水平（H）、垂直（V）：系统将关闭自动判断，并限定只标注水平或者垂直尺寸。

● 旋转（R）：系统将关闭自动判断，尺寸线按用户给定的倾斜角度标注斜向尺寸。

2. 对齐标注

输入方式：

● 菜单：标注→对齐。

● 工具栏：标注→对齐 ↘ 。

● 命令行：DIMALIGNED。

命令执行后，输入行提示如下：

● 命令：DIMALIGNED ↙

● 指定第一条尺寸界线原点或<选择对象>．＿int 于（如图4－28所示，捕捉直线端点"1"）

● 指定第二条尺寸界线原点：＿int 于（如图4－28所示，捕捉直线端点"2"）

● 指定尺寸线位置或［多行文字（M）/文字（T）/角度（A）］：（指定尺寸线位置，系统自动标出尺寸，且尺寸线与"12"平行）

● 标注文字＝166.74

三、标注角度尺寸

输入方式：

● 菜单：标注→角度。

● 工具栏：标注→角度 △ 。

● 命令行：DIMANGULAR。

命令执行后，输入行提示如下：

● 命令：DIMANGULAR ↙

● 选择圆弧、圆、直线或<指定顶点>：（选择构成角的一条边）

● 选择第二条直线：（选择角的第二条边）

● 指定标注弧线位置或［多行文字（M）/文字（T）/角度（A）］：（确定尺寸弧的标注位置完成标注）

● 标注文字＝30（显示标注角度的大小）

四、标注直径、半径和圆心

1. 直径标注

输入方式：

- 菜单：标注→直径。
- 度工具栏：标注→直径◎。
- 命令行：DIMDIAMETER。

命令执行后，输入行提示如下：

- 命令：DIMDIAMETER ↙
- 选择圆弧或圆：（选择圆或圆弧，如图 4-29 所示，选择左边小圆）

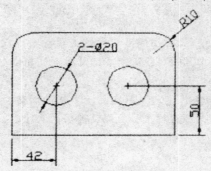

图 4-29 线性标注、半径标注、直径标注、圆心标记

- 标注文字 = 20（显示标注尺寸）
- 指定尺寸线位置或 [多行文字（M）/文字（T）/角度（A）]：T ↙（输入选项 "T"）
- 输入标注文字 < 20 >：2 - < > ↙（"< >" 为测量值，"2 -" 为附加前缀）
- 指定尺寸线位置或 [多行文字（M）/文字（T）/角度（A）]：（指定尺寸线的标注位置完成标注）

当选择 "M" 或 "T" 选项在多行文字编辑器或命令行中修改尺寸标注内容时，用 "< >" 表示保留系统的自动测量值，若取消 "< >"，则用户可以完全改变尺寸文字的内容。

2. 半径标注

输入方式：

- 菜单：标注→半径。
- 工具栏：标注→半径◎。
- 命令行：DIMRADIUS。

命令执行后，输入行提示如下：

- 命令：DIMRADIUS ↙
- 选择圆弧或圆
- 标注文字 = 10（显示标注数值）
- 指定尺寸线位置或 [多行文字（M）/文字（T）/角度（A）]：（指定尺寸线的标注位置完成标注。尺寸线总是指向或通过圆心）

3. 圆心标注

输入方式：

- 菜单：标注→圆心标记。
- 工具栏：标注—圆心标记⊕。
- 命令行：DIMCENTER。

命令执行后，输入行提示如下：

- 命令：DIMCENTER ↙
- 选择圆弧或圆：（选择要标注圆心的圆或圆弧）

大圆和小圆

  DIMANGULAR 命令不但可以标注两直线间的夹角，还可以标注圆弧的圆心角及三点确定的角。对于大圆，可用 DIMCENTER 命令标记圆心位置；对于小圆，可用该命令代替中心线。

  我国《机械制图》国家标准规定，圆及大于半圆的圆弧应标注直径，小于等于半圆的圆弧标注半径。因此，在工程图样中标注圆及圆弧的尺寸时，应适当选用直径和半径标注命令。

五、引线标注

引线标注有两个命令，即"LEADER"和"QLEADER"，分别用于不同的引线标注。

1. LEADER 命令

输入方式：

- 命令：LEADER ↙
- 指定引线起点：（指定引线的起点）
- 指定下一点：（指定引线的第二点）
- 指定下一点或［注释（A）/格式（F）/放弃（u）］<注释>：（继续指定引线的第三点，或回车输入注释文字）
- 输入注释文字的第一行或<选项>：（输入标注的内容，回车）
- 输入注释文字的下一行：（继续键入标注的内容，或回车完成标注）

各选项含义如下：

- 选项：在提示"输入注释文字的第一行或<选项>："按下回车，则出现后续提示。
- 输入注释选项［公差（T）/副本（C）/块（B）/无（N）/多行文字（M）］<多行文字>。
- 将允许用户进一步选择一些选项，如果选择了"多行文字（M）"选项，则打开多行文字编辑器，可以输入和编辑注释。
- 格式（F）：用于修改标注格式。选择该选项，出现后续提示。
- 输入引线格式选项［样条曲线（S）/直线（ST）/箭头（A）/无（N）］<退出>。
- 用户可以选择引线的样式，例如设置引线为样条曲线或直线，绘制起点带箭头或不带箭头的引线，如图4－30所示。

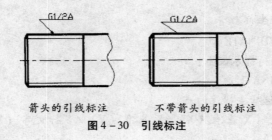

箭头的引线标注　　　　　不带箭头的引线标注

图4-30　引线标注

2. QLEADER 命令

输入方式:

- 菜单: 标注→引线。
- 工具栏: 标注→引线 。
- 命令行: QLEADER。

命令执行后,输入行提示如下:

- 命令: QLEADER ↙
- 指定第一个引线点或 [设置 (S)] <设置>: (给定引线起点。单击右键选择"设置",打开如图4-31所示的"引线设置"对话框)

图4-31　"引线设置"对话框

- 指定下一点: (继续给定引线上的点,或回车结束)
- 指定文字宽度 <0>:
- 输入注释文字的第一行 <多行文字 (M) >: (输入注释文字,或回车打开多行文字编辑器,输入内容)

"引线设置"对话框共有3个选项卡,分别用于设置注释类型,引线和箭头的样式、角度限制、引线顶点数目限制,注释文字的格式等。

六、坐标标注

输入方式:

- 菜单: 标注→坐标。

● 工具栏：标注→坐标 。

● 命令行：DIMORDINATE。

命令执行后，输入行提示如下：

● 命令：DIMORDINATE ↙

● 指定点坐标：（选择要标注的点）

● 指定引线端点或［X基准（X）/Y基准（Y）/多行文字（M）/文字（T）/角度（A）］：（指定引线位置）

标注文字 = 78.58（显示标注结果）

项目六 尺寸标注的编辑

在进行尺寸标注时，系统的标注样式可能不符合具体要求，在此情况下，可以根据需要，对所标注的尺寸进行编辑。尺寸标注的编辑包括对已标注尺寸的标注位置、文字位置、文字内容、标注样式等内容进行修改。

一、修改尺寸标注样式

输入方式：

● 命令行：DDIM。

命令执行后，输入行提示如下：

● 命令：DDIM ↙

系统自动执行该命令，弹出如"标注样式管理器"对话框，其设置方法同前。

二、修改尺寸标注

1. 编辑标注

输入方式：

● 菜单：标注→倾斜。

● 工具栏：标注→倾斜 。

● 命令行：DIMEDIT。

命令执行后，输入行提示如下：

● 命令：DIMEDIT ↙

● 输入标注编辑类型［默认（H）/新建（N）/旋转（R）/倾斜（O）］<默认>：（选择一个选项，或回车取默认设置）

● 选择对象：（指定标注对象）

● 选择对象：（继续指定，回车结束命令）

各选项含义如下：

● 默认（H）：即将标注文字放置在系统默认的位置。

● 新建（N）：用"多行文字编辑器"编辑尺寸文字的内容。

● 旋转（R）：使标注文字旋转给定的角度。

● 倾斜（O）：调整尺寸界线的倾斜角度，如图4－32所示。

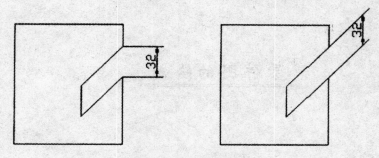

图4－32 倾斜尺寸界线

2. 编辑标注文字内容

输入方式：

● 命令行：DDEDIT。

命令执行后，输入行提示如下：

● 命令：DDEDIT ↙

● 选择注释对象或［放弃（U）］：（选择一个尺寸文字对象，将弹出"多行文字编辑器"，用户可以对所选尺寸文字进行编辑）

● 选择注释对象或［放弃（U）］：（继续选择，或回车结束命令）

1. 怎样在 AutoCAD 的工作界面创建文字？
2. 简述编辑表格的方法？
3. 简述如何编辑尺寸的标注？

模块五　零件图的绘制

 **本章概述**

　　本章将通过一些零件图绘制实例，结合前面学习过的平面图形的绘制、编辑命令及尺寸标注命令，详细介绍机械工程中零件图的绘制方法、步骤及零件图中技术要求的标注，使读者掌握灵活运用所学过的命令，方便快捷地绘制零件图的方法，提高绘图效率。

 教学目标

1. 了解零件图中的技术要求。
2. 重点掌握零件图绘制的一般过程，绘制方法。

＊　＊　＊　＊　＊　＊　＊　＊　＊　＊

项目一　零件图简介

一、零件图的内容

　　零件图是反映设计者意图及生产部门组织生产的重要技术文件，因此它不仅应将零件的材料和内、外结构形状及大小表达清楚，而且还要对零件的加工、检验、测量提供必要的技术要求。一张完整的零件图应包含下列内容：

- 一组视图，包括视图、剖视图、剖面图、局部放大图等。
- 完整的尺寸，零件图中应正确、完整、清晰、合理地标注出。
- 技术要求，用以说明零件在制造和检验时应达到的技术要求，如表面粗糙度、尺寸公差、形状和位置公差以及表面处理和材料热处理等。
- 标题栏，位于零件图的右下角，用以填写零件的名称、材料、比例、数量、图号以及设计、制图、校核人员签名等。

二、零件图的分类

　　在机械生产中根据零件的结构形状，大致可以将零件分为4类：

- 轴套类零件——轴、衬套等零件；
- 盘盖类零件——端盖、阀盖、齿轮等零件；

● 叉架类零件——拨叉、连杆、支座等零件;
● 箱体类零件——阀体、泵体、减速器箱体等零件。

项目二　零件图的绘制方法及绘图实例

如前所述,零件图中包含一组视图,因此绘制零件图即是绘制零件图中的视图,并且视图应布局匀称美观且符合投影规律,即"主视图与俯视图长对正,俯视图与左视图宽相等,主视图与左视图高平齐"。绘制零件图的方法很多,本节将结合一些零件图实例,分别介绍采用不同的方法绘制零件图的技巧及步骤。

一、坐标定位法

为了将视图布置得匀称美观又符合投影规律,经常需要应用该方法绘制出作图基准线,确定各个视图的位置,然后再综合运用其他方法绘制完成图形。

该方法的优点是作图比较精确,然而由于该方法需要计算各点的精确坐标,因此相对来说比较费时。

例:利用坐标定位法绘制法兰盘零件图,如图 5 - 1 所示。

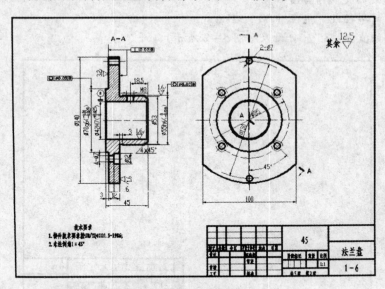

图 5 - 1　法兰盘

1. 用创建的机械图样模板绘制法兰盘零件图

● 命令:NEW ✓ (□ ,新建图形文件命令。回车后弹出"创建新图形"对话框,单击其中的"使用样板"按钮,从"选择样板."列表框中选择前面建立的样板文件"A3图纸横放 .dot",单击"确定"按钮)。

● 命令:SAVEAS ✓ (另存文件命令。回车后,弹出"图形另存为"对话框,在"保存在"后的下拉列表中选择要保存文件的路径,在"文件名"后输入文件名"法兰盘",单击"保存"按钮)。

2. DHX 设置为当前层，绘制作图基准线

● 命令：LA↙（将当前图层设置为"DHX"）

● 命令：↙（绘制主视图中水平中心线）

● LINE 指定第一点：120，178↙

● 指定下一点或［放弃（U）］：@55，0↙

● 指定下一点或［放弃（U）］：↙

● 命令：↙（绘制左视图中水平中心线）

● LINE 指定第一点：225，178↙

● 指定下一点或［放弃（U）］：@110，0↙

● 指定下一点或［放弃（U）］：↙

● 命令：↙（绘制左视图中竖直中心线）

● LINE 指定第一点：280，253↙

● 指定下一点或［放弃（U）］：@0，−150↙

● 指定下一点或［放弃（U）］：↙

● 命令：⊘（绘制左视图中 φ85 圆）

● CIRCLE：指定圆的圆心或［三点（3P）／两点（2P）／相切、相切、半径（T）］：_int 于（捕捉中心线的交点作为圆心）

● 指定圆的半径或［直径（D）］：D↙

● 指定圆的直径：85↙（结果如图 5−2 所示）

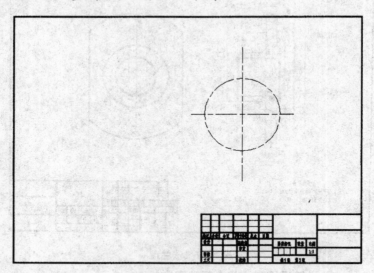

图 5−2　作图基准线

3. 绘制主视图

● 命令：LA↙（将当前图层设置为"LKX"）

● 命令：／（绘制主视图中轮廓线）

● LINE 指定第一点：125，178↙

● 指定下一点或［放弃（U）］：@0，35↙

- 指定下一点或 [放弃 (U)]：@3, 0 ↙
- 指定下一点或 [放弃 (U)]：@0, 35 ↙
- 指定下一点或 [放弃 (U)]：@12, 0 ↙
- 指定下一点或 [放弃 (U)]：@0, -43.5 ↙
- 指定下一点或 [放弃 (U)]：@3, 0 ↙
- 指定下一点或 [放弃 (U)]：@0, 1 ↙
- 指定下一点或 [放弃 (U)]：@27, 0 ↙
- 指定下一点或 [放弃 (U)]：@0, -27.5 ↙
- 指定下一点或 [放弃 (U)]：↙
- 命令：↙ （绘制主视图中 ϕ42 孔的轮廓线）
- LINE 指定第一点：125, 199 ↙
- 指定下一点或 [放弃 (U)]：@45, 0 ↙
- 指定下一点或 [放弃 (U)]：↙
- 命令：⚒ （镜像所绘制的图形）
- 选择对象：（用窗口选择方式，指定窗口角点，选择主视图中水平中心线上部的图形）
- 指定镜像线的第一点：_endp 于 （捕捉水平中心线的左端点）
- 指定镜像线的第二点：_endp 于 （捕捉水平中心线的右端点）
- 是否删除源对象？[是 (Y) /否 (N)] <N>：↙
- 命令：CHAMFER ↙ （⌐ ，倒角命令。对主视图中的 ϕ42 孔进行倒角操作）
- （"修剪"模式）当前倒角距离 1 = 10.0000，距离 2 = 10.0000
- 选择第一条直线或 [多段线 (P) /距离 (D) /角度 (A) /修剪 (T) /方法 (M)]：D ↙
- 指定第一个倒角距离 <10.0000>：1 ↙
- 指定第二个倒角距离 <1.0000>：↙
- 选择第一条直线或 [多段线 (P) /距离 (D) /角度 (A) /修剪 (T) /方法 (M)]：（选择主视图中的 ϕ42 孔的上边）选择第二条直线：（选择主视图左端线在 ϕ42 孔上边的部分）

（方法同前，绘制 ϕ42 孔其余倒角）

- 命令：CHA ↙ （对主视图右端轴段 ϕ55 进行倒角操作）

（"修剪"模式）当前倒角距离 1 = 1.0000，距离 2 = 1.0000

- 选择第一条直线或 [多段线 (P) /距离 (D) /角度 (A) /修剪 (T) /方法 (M)]：D ↙
- 指定第一个倒角距离 <1.0000>：4 ↙
- 指定第二个倒角距离 <4.0000>：↙
- 选择第一条直线或 [多段线 (P) /距离 (D) /角度 (A) /修剪 (T) /方法 (M)]：（选择主视图右端面）
- 选择第二条直线：（选择 ϕ55 轴段上边）
- 命令：↙
- （"修剪"模式）当前倒角距离 1 = 4.0000，距离 2 = 4.0000

● 选择第一条直线或 ［多段线 （P） /距离 （D） /角度 （A） /修剪 （T） /方法 （M）］：
（选择主视图右端面）

● 选择第二条直线：（选择 φ55 轴段下边，结果如图 5 - 3 所示）

● 命令： ╱ （绘制主视图中倒角后修剪掉的线）

● LINE 指定第一点：_int 于 （捕捉左端倒角与端面的上交点）

● 指定下一点或 ［放弃 （U）］：_int 于 （捕捉左端倒角与端面的下交点）

● 指定下一点或 ［放弃 （U）］：↙

（方法同前，分别连接其他线，结果如图 5 - 4 所示）

● 命令：LA↙ （将当前图层设置为 "DHX"）

● 命令：（绘制主视图中上部孔的中心线）

● LINE 指定第一点：123, 243 ↙

● 指定下一点或 ［放弃 （U）］：@22, 0 ↙

● 指定下一点或 ［放弃 （U）］：↙

● 命令：OFFSET ↙ （偏移刚刚绘制的中心线，绘制下部孔的中心线）

● _offset 指定偏移距离或 ［通过 （T）］ <通过>：107.5 ↙

● 选择要偏移的对象或 <退出>：（选择绘制的中心线）

● 指定点以确定偏移所在一侧：（在所选中心线的下侧任一点单击鼠标左键）

● 选择要偏移的对象或 <退出>：↙

● 命令： ╱ （绘制主视图中右边螺纹孔的中心线）

● LINE 指定第一点：151.5, 210 ↙

● 指定下一点或 ［放弃 （U）］：@0, -16 ↙

● 指定下一点或 ［放弃 （U）］：↙

● 命令：LA ↙ （将当前图层设置为 "LKX"）

● 命令： ╱ （绘制主视图中上部孔的轮廓线）

● LINE 指定第一点：128, 246.5 ↙

● 指定下一点或 ［放弃 （U）］：@12, 0 ↙

● 指定下一点或 ［放弃 （U）］：↙

● 命令： ▲ （镜像所绘制的轮廓线）

● 选择对象：（选择绘制的轮廓线）

● 指定镜像线的第一点：_endp 于 （捕捉中心线的左端点）

● 指定镜像线的第二点：_endp 于 （捕捉中心线的右端点）

● 是否删除源对象？［是 （Y） /否 （N）］ <N>：↙

● 命令： ╱ 绘制主视图中下部沉孔的轮廓线）

● 指定第一点：128, 139 ↙

● 指定下一点或 ［放弃 （U）］：@6, 0 ↙

● 指定下一点或 ［放弃 （U）］：↙

● 命令：↙

● LINE 指定第一点：134, 135.5 ↙

● 指定下一点或 ［放弃 （U）］：@0, 6 ↙

- 指定下一点或［放弃（U）］：@6, 0 ↙
- 指定下一点或［闭合（C）/放弃（U）］：↙
- 命令：⚠ （镜像所绘制的轮廓线）
- 选择对象：（选择绘制的轮廓线）
- 指定镜像线的第一点：_endp 于（捕捉中心线的左端点）
- 指定镜像线的第二点：_endp 于（捕捉中心线的右端点）
- 是否删除源对象？［是（Y）/否（N）］＜N＞：↙
- 命令：LA ↙（将当前图层设置为"0"）
- 命令：／（绘制主视图中右边螺纹孔的大径轮廓线）
- 指定第一点：155.5, 205.5 ↙
- 指定下一点或［放弃（U）］：@0, −6.5 ↙
- 指定下一点或［放弃（U）］：↙
- 命令：LA ↙（将当前图层设置为"LKX"）
- 命令：／（绘制主视图中右边螺纹孔的小径轮廓线）
- LINE 指定第一点：155, 205.5 ↙
- 指定下一点或［放弃（U）］：@0. −6.5 ↙
- 指定下一点或［闭合（C）/放弃（U）］：↙
- 命令：⚠ （镜像所绘制的轮廓线）
- 选择对象：（选择绘制的轮廓线）
- 指定镜像线的第一点：_ endp 于（捕捉中心线的上端点）
- 指定镜像线的第二点：_ endp 于（捕捉中心线的下端点）
- 是否删除源对象？［是（Y）/否（N）］＜N＞：↙
- 命令：LA ↙（将当前图层设置为"PMX"）
- 命令：BH ↙（绘制主视图中的剖面线）

回车后，弹出"边界图案填充"对话框，将设置类型为"用户定义"，角度为"45"，间距为"2"，单击"拾取点"按钮，在图形中欲绘制剖面线的区域内单击鼠标左键，如图5−5所示，需要注意的是，螺纹孔中粗实线与细实线之间的区域也应选中。选择完成后，回车即可返回到对话框，此时单击"确定"按钮，即可绘制完成剖面线。

4. 绘制左视图

命令：LA ↙（将当前图层设置为"LKX"）

- 命令：◷ （绘制左视图中 φ140 圆）

circle 指定圆的圆心或［三点（3P）/两点（2P）/相切、相切、半径（T）］：_ int 于（捕捉左视图中对称中心线的交点）

- 指定圆的半径或［直径（D）］：D ↙
- 指定圆的直径：140 ↙
- 命令：◿ （偏移左视图中竖直中心线）

OFFSET 指定偏移距离或［通过（T）］＜通过＞：50 ↙

- 选择要偏移的对象或＜退出＞：（选择左视图中竖直中心线）
- 指定点以确定偏移所在一侧：（在所选择的竖直中心线右侧任一点单击鼠标左键）

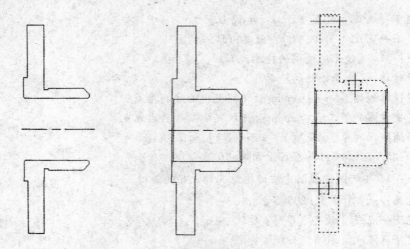

图5-3　倒角后　　　图5-4　主视图中主要轮廓线　　图5-5　选择绘制剖面线的区域

- 选择要偏移的对象或<退出>：（继续选择左视图中竖直中心线）
- 指定点以确定偏移所在一侧：（在所选择的竖直中心线左侧任一点单击鼠标左键）
- 选择要偏移的对象或<退出>：↙
- 命令：✐（绘制左视图中竖直线）
- LINE 指定第一点：＿int 于（捕捉左端偏移的竖直中心线与圆的上交点）
- 指定下一点或［放弃（U）］＿int 于（捕捉左端偏移的竖直中心线与圆的下交点）
- 指定下一点或［放弃（U）］：↙
- 命令：↙
- LINE 指定第一点：＿int 于（捕捉右端偏移的竖直中心线与圆的上交点）

指定下一点或［放弃（U）］：＿int 于（捕捉右端偏移的竖直中心线与圆的下交点）

- 指定下一点或［放弃（U）］：↙
- 命令：ERASE↙（✐，删除偏移的中心线）
- ERASE 选择对象：（选择偏移的中心线）
- 找到1个，总计2个
- 命令：⊣⊢（修剪 ϕ140 圆）
- TRIM 当前设置：投影＝UCS，边＝无
- 选择剪切边
- 选择对象：（选择绘制的两条竖直线）
- 找到1个，总计2个
- 选择对象：↙
- 选择要修剪的对象，按住 Shift 键选择要延伸的对象，或［投影（P）/边（E）/放弃（u）］：（选择 ϕ140 圆中欲修剪的部分）
- 命令：⊘（绘制左视图中 ϕ70 圆）
- ＿circle 指定圆的圆心或［三点（3P）/两点（2P）/相切、相切、半径（T）］：＿int 于（捕捉左视图中对称中心线的交点）

- ●指定圆的半径或 ［直径（D）］：D ✓
- ●指定圆的直径：70 ✓
- ●命令：✓（绘制左视图中 φ42 圆）
- ● _ circle 指定圆的圆心或 ［三点（3P）／两点（2P）／相切、相切、半径（T）］： _ int 于（捕捉左视图中对称中心线的交点）
- ●指定圆的半径或 ［直径（D）］：D ✓
- ●指定圆的直径：42 ✓
- ●命令：✓（绘制左视图中 φ42 的倒角圆）
- ●circle 指定圆的圆心或 ［三点（3P）／两点（2P）／相切、相切、半径（T）］： _ int 于（捕捉左视图中对称中心线的交点）
- ●指定圆的半径或 ［直径（D）］：D ✓
- ●指定圆的直径：44 ✓（结果如图 5 - 6 所示）
- ●命令：LA ✓（将当前图层设置为"0"）
- ●命令：◎（绘制左视图中 φ130 圆）
- ●circle 指定圆的圆心或 ［三点（3P）／两点（2P）／相切、相切、半径（T）］： _ int 于（捕捉左视图中对称中心线的交点）
- ●指定圆的半径或 ［直径（D）］：D ✓
- ●指定圆的直径：130 ✓
- ●命令：LA ✓（将当前图层设置为 "LKX"）
- ●命令：◎（绘制左视图中上部 φ7 小圆）
- ●circle 指定圆的圆心或 ［三点（3P）／两点（2P）／相切、相切、半径（T）］： _ int 于（捕捉左视图中 φ130 圆与竖直中心线的上交点）
- ●指定圆的半径或 ［直径（D）］：D ✓
- ●指定圆的直径：7 ✓
- ●命令：⚋（镜像所绘制的 φ7 小圆）
- ●选择对象：（选择绘制的 φ7 小圆）
- ●指定镜像线的第一点： _ endp 于（捕捉左视图中水平中心线的左端点）
- ●指定镜像线的第二点： _ endp 于（捕捉左视图中水平中心线的右端点）
- ●是否删除源对象？［是（Y）／否（N）］ <N>：✓
- ●命令：LA ✓（将当前图层设置为"DHX"）
- ●命令：／（绘制左视图中沉孔的中心线）
- ● _ line 指定第一点： _ int 于（捕捉对称中心线的交点）
- ●指定下一点或 ［放弃（U）］：@50 < 45 ✓
- ●指定下一点或 ［放弃（U）］：✓
- ●命令：LA ✓（将当前图层设置为 "LKX"）
- ●命令：◎（绘制左视图中右边 φ7 小圆）
- ● _ circle 指定圆的圆心或 ［三点（3P）／两点（2P）／相切、相切、半径（T）］： _ int 于（捕捉左视图中 φ85 中心线圆与倾斜中心线的交点）
- ●指定圆的半径或 ［直径（D）］：D ✓
- ●指定圆的直径：7 ✓

● 命令：LA ✓（将当前图层设置为"XX"）

● 命令：◎（绘制左视图中右边φ12虚线圆）

● Circle 指定圆的圆心或［三点（3P）/两点（2P）/相切、相切、半径（T）］：_ endp 于（捕捉刚刚绘制完成的φ7圆的圆心）

● 指定圆的半径或［直径（D）］：6 ✓（绘制完成的图形如图5-7所示）

● 命令：LEN（调整沉孔的中心线）

● 选择对象或［增量(DE)/百分数(P)/全部(T)/动态(DY)］:DY ✓（选择动态调整）

● 选择要修改的对象或［放弃（U）］：（选择倾斜中心线）

● 指定新端点：（将所选中心线的左端点调整到新的位置）

● 命令：AR/（阵列所绘制的沉孔。在弹出的"阵列"对话框中选择"环形"阵列方式，设置项目总数为"4"，填充角度为"360"，选中"复制时旋转项目"复选框。单击"选择对象"按钮，选择绘制的两个沉孔圆及其中心线）

● 指定阵列中心点：（捕捉φ85圆的圆心）

● 选择对象：找到1个，总计3个

5. 标注尺寸

● 命令：LA ✓（将当前图层设置为"BZ"）

● 命令：⊓（标注法兰盘左端轴径"φ140"）

● 指定第一条尺寸界线原点或＜选择对象＞：_endp 于（捕捉轴径"φ140"的上端点）

● 指定第二条尺寸界线原点：_ endp 于（捕捉轴径"φ140"的下端点）

● 指定尺寸线位置或［多行文字（M）/文字（T）/角度（A）/水平（H）/垂直（V）/旋转（R）］：T ✓

● 输入标注文字＜140＞:%%140 ✓

● 指定尺寸线位置或［多行文字（M）/文字（T）/角度（A）/水平（H）/垂直（V）/旋转（R）］：（指定尺寸线位置）

● 标注文字 =140

（方法同前，分别标注轴径"φ53"、"M8"、"φ12"、"4-φ7"）

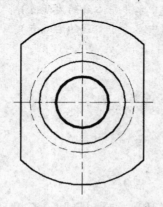

图5-6 左视图主要轮廓线

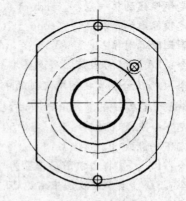

图5-7 左视图中的孔

命令：✓（标注法兰盘长度尺寸"45"）

● 指定第一条尺寸界线原点或＜选择对象＞_ endp 于（捕捉法兰盘左端点）

- 指定第二条尺寸界线原点：_ endp 于（捕捉法兰盘右端点）
- 指定尺寸线位置或［多行文字（M）/文字（T）/角度（A）/水平（H）/垂直（V）/旋转（R）］：（指定尺寸线位置）
- 标注文字=45
- …（方法同前，分别标注长度尺寸18.5"、"6"、"3"、"100"）
- 命令：⊟（标注基线尺寸"12"）
- 指定第二条尺寸界线原点或［放弃（U）/选择（S）］＜选择＞：✓
- 选择基准标注：（选择长度尺寸"6"的右尺寸界线）
- 指定第二条尺寸界线原点或［放弃（U）/选择（s）］＜选择＞：（选择基准尺寸"12"的左端点）
- 标注文字=12
- 指定第二条尺寸界线原点或［放弃（U）/选择（S）］＜选择＞：✓
- 选择基准标注：✓
- 命令：Ⅲ（标注图中的连续尺寸"3"）
- 指定第二条尺寸界线原点或［放弃（U）/选择（s）］＜选择＞：_ endp 于（捕捉"3"尺寸的左端点）
- 标注文字=3
- 指定第二条尺寸界线原点或［放弃（U）/选择（S）］＜选择＞：✓
- 选择连续标注：✓
- 命令：△（标注左视图中的角度尺寸"45"）
- 选择圆弧、圆、直线或＜指定顶点＞：（选择标注为：45°角的一条边）
- 选择第二条直线：（选择标注为：45°角的另一条边）
- 指定标注弧线位置或［多行文字（M）/文字（T）/角度（A）］：（指定尺寸线位置）
- 标注文字=45
- 命令：◇（标注左视图中的直径尺寸"2-φ7"）
- 选择圆弧或圆：（选择上边φ7小圆）
- 标注文字=7
- 指定尺寸线位置或［多行文字（M）/文字（T）/角度（A）］：M✓（回车，在弹出的"多行文字"编辑器中
- 输入"2-＜＞"
- 指定尺寸线位置或［多行文字（M）/文字（T）/角度（A）］：（指定尺寸线位置）
- 命令：✓（标注左视图中的直径尺寸"φ130"）
- 选择圆弧或圆：（选择φ130圆）
- 标注文字=130
- 指定尺寸线位置或［多行文字（M）/文字（T）/角度（A）］：（指定尺寸线位置）
- （标注完成"φ130"后，用修剪及拉长命令对"φ130"细实线圆进行修剪）
- …（方法同前，标注"φ85"）
- 命令：✎（标注主视图中的倒角尺寸）
- 指定第一个引线点或［设置（S）］＜设置＞：✓（回车，方法同前，进行引线设

置）

- 指定第一个引线点或［设置（S）］＜设置＞：_ endp 于（捕捉右端45°倒角的下端点）
- 指定下一点：（拖动鼠标，在适当位置处单击鼠标左键，指定引线的第二点）
- 指定下一点：（拖动鼠标，在适当位置处单击鼠标左键，指定引线的第三点）
- 输入注释文字的第一行＜多行文字（M）＞：↙（回车，在弹出的多行文字编辑器中输入"4×45°"）

如果标注的尺寸文字位置与图中不一致，则可使用编辑标注文字位置命令 DIMTEDIT 对图中的尺寸进行编辑。图中的形位公差、表面粗糙度及尺寸公差等技术要求和剖视图中剖切符号的标注方法将在下一节介绍。

6. 填写标题栏及技术要求

- 命令：LA↙（将"WZ"层设置为当前层）
- 命令：TEXT↙（注写标题栏中的文字）
- 当前文字样式：standard 当前文字高度：5.0000（当前的文字样式）
- 指定文字的起点或［对正（J）/样式（S）］：S↙（修改文字样式）
- 输入样式名或［?］＜standard＞：HZ↙（指定新的文字样式为"Hz"）
- 当前文字样式：HZ 当前文字高度：5.0000
- 指定文字的起点或［对正（J）/样式（S）］：（在标题栏中"图样名称"位置处指定文字的左下角位置）
- 指定文字的旋转角度＜5°：↙
- 输入文字：法兰盘/（输入文字内容）
- …（方法同上，输入标题栏中字符、图中的文字及字母，如剖视图名称"A—A"、"其余"等）
- 命令：MTEXT↙（创建多行文字命令。填写技术要求）
- 当前文字样式："HZ" 当前文字高度：5
- 指定第一角点：（在需要填写技术要求的区域，用鼠标左键指定文字输入区域的第一角点）
- 指定对角点或［高度（H）/对正（J）/行距（L）/旋转（R）/样式（S）/宽度（W）］：（拖动鼠标，指定文字输入区域的对角点）

在弹出的"多行文字编辑器"窗口中输入技术要求的内容，单击"确定"按钮结束。

如果文字的位置不够理想，则可以使用移动命令 MOVE 对其进行移动操作。

7. 保存图形

- 命令：🖫

二、利用绘图辅助线

利用绘图辅助线绘制零件图，即通过绘制构造线命令 XLINE，画出一系列的水平与竖直辅助线，以便保证视图之间的投影关系，并结合图形绘制及编辑命令完成零件图的绘制。

例：绘图辅助线绘制曲柄零件图，如图5-8所示。

1. 使用创建的机械图样模板绘制曲柄零件图

- 命令：NEW↙（🖵新建图形文件命令。回车后弹出"创建新文件"对话框，单击

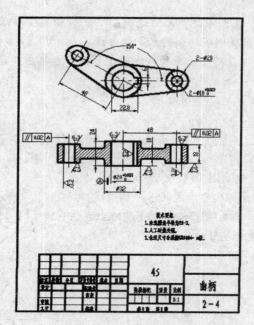

图 5-8　曲柄零件图

其中的"样板"按钮，从"选择样板"列表框中选择前面建立的样板文件"A4 图纸—竖放．dwt"，单击"确定"按钮)

●命令：SAVEAS ↙（ ，另存文件命令。回车后，弹出"图形另存为"对话框，在"保存在"后的下拉列表中选择要保存文件的路径，在"文件名"后输入文件名"曲柄零件图"，单击"保存"按钮。）

2. 将"0 层"设置为当前层，绘制辅助线 HT

●命令：LA ↙（将当前图层设置为"0"）

●命令：XLINE ↙（绘制构造线命令，绘制作图辅助线）

●指定点或［水平（H）／垂直（V）／角度（A）／二等分（B）／偏移（O）］：V ↙（绘制竖直构造线）指定通过点：＜对象捕捉开＞（打开对象捕捉功能，捕捉主视图中竖直中心线的端点）

●指定通过点：（捕捉主视图中间 $\phi32$ 圆右边与水平中心线的交点）

●指定通过点：（分别捕捉主视图右边 $\phi20$ 及 $\phi10$ 圆与水平中心线的四个交点）

（总共绘制 6 条竖直辅助线）

●命令：↙（继续绘制构造线）

●XLINE 指定点或［水平（H）／垂直（V）／角度（A）／二等分（B）／偏移（O）］：H ↙（绘制水平构造线）

●指定通过点：（在主视图下方适当位置处单击鼠标左键，确定俯视图中曲柄最后面的线）

●指定通过点：↙（回车，结束绘制）

●命令：↙

●XLINE 指定点或［水平（H）／垂直（V）／角度（A）／二等分（B）／偏移（O）］：0/（绘制偏移构造线）

● 指定偏移距离或［通过（T）］＜通过＞：12✔（输入偏移距离）

● 选择直线对象：（选择刚刚绘制的水平构造线）

● 指定向哪侧偏移：（在所选水平构造线的下方任一点单击鼠标左键，偏移生成俯视图中水平对称线）

● 选择直线对象：✔

● 命令：✔

● XLINE 指定点或［水平（H）／垂直（V）／角度（A）／二等分（B）／偏移（O）］：O✔

● 指定偏移距离或［通过（T）］＜12.0000＞：5✔

● 选择直线对象：（选择偏移生成的水平构造线）

● 指定向哪侧偏移：（在所选水平构造线的上方任一点单击鼠标左键，偏移生成曲柄臂的后端线）

● 选择直线对象：✔

● 命令：✔

● XLINE 指定点或［水平（H）／垂直（V）／角度（A）／二等分（B）／偏移（O）］：O✔

● 指定偏移距离或［通过（T）］＜5.0000＞：9✔

● 选择直线对象：（仍选择第一次偏移生成的水平构造线）

● 指定向哪侧偏移：（在所选水平构造线的上方任一点单击鼠标左键。偏移生成曲柄右边圆柱的后端线）

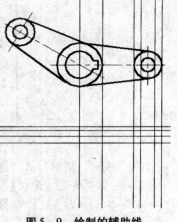

图5-9 绘制的辅助线

● 选择直线对象：✔（绘制的一系列辅助线如图5-9所示）

3. 将LKX设置为当前层，绘制俯视图

● 命令：LA✔（将当前图层设置为"LKX"）

● 命令：✔（绘制俯视图中轮廓线）

● ＿line指定第一点：＜对象捕捉开＞（如图5-10所示，捕捉最左边构造线与最上边构造线的交点"1"）

● 指定下一点或［放弃（U）］：（如图5-10所示，捕捉构造线的交点"2"）

● 指定下一点或［放弃（U）］：（如图5-10所示，捕捉构造线的交点"3"）

● 指定下一点或［放弃（U）］：（如图5-10所示，捕捉构造线的交点"4"）

● 指定下一点或［放弃（U）］：（如图5-10所示，捕捉构造线的交点"5"）

● 指定下一点或［放弃（U）］：（如图5-10所示，捕捉构造线的交点"6"）

● 指定下一点或［放弃（U）］：（如图5-10所示，捕捉构造线的交点"7"）

● 指定下一点或［放弃（U）］：✔

● 命令：✔（绘制俯视图右边孔的轮廓线）

● line指定第一点：（如图5-10所示，捕捉构造线的交点"8"）

● 指定下一点或［放弃（U）］：（如图5-10所示，捕捉构造线的交点"9"）

● 指定下一点或［放弃（U）］：✔

● 命令：✔

● 指定下一点或［放弃（U）］：（如图5-10所示，捕捉构造线的交点"10"）

- 指定下一点或［放弃（U）］：（如图 5－10 所示，捕捉构造线的交点"11"）
- 指定下一点或［放弃（U）］：↙
- 命令：⌐（绘制 R2 圆角）
- fillet 当前模式：模式＝修剪，半径＝4.0000
- 选择第一个对象或［多段线（P）/半径（R）/修剪（T）］：R↙
- 指定圆角半径 <4.0000>：2↙
- 选择第一个对象或［多段线（P）/半径（R）/修剪（T）］：（选择中间水平线）
- 选择第二个对象：（选择左边竖直线）
- …（方法同前，绘制右边 R2 圆角）
- 命令：⚠（镜像所绘制的轮廓线）
- 选择对象：（选择绘制的轮廓线）
- 指定镜像线的第一点：（捕捉最下边水平构造线与最左边竖直构造线的交点）
- 指定镜像线的第二点：（捕捉最下边水平构造线与最右边竖直构造线的交点"7"）
- 是否删除源对象？［是（Y）/否（N）］<N>：↙
- 命令：LA↙（将当前图层设置为"DHX"）
- 命令：/（绘制俯视图右边孔的中心线）
- line 指定第一点：（如图 5－10 所示，捕捉"56"的中点）
- 指定下一点或［放弃（U）］：（捕捉与"56"对称的水平线中点）
- 指定下一点或［放弃（U）］：↙
- 命令：↙（绘制俯视图中间孔的中心线）
- line 指定第一点：（如图 5－10 所示，捕捉"1"点）
- 指定下一点或［放弃（U）］：（捕捉与"1"对称的点）
- 指定下一点或［放弃（U）］：↙
- 命令：✐（删除辅助线）
- erase 选择对象：（选择所有辅助线）
- 找到 1 个，总计 10 个（结果如图 5－11 所示）
- 命令：⚠（镜像所绘制的右边轮廓线）
- 选择对象：（用窗口选择方式，选择竖直中心线右边所有图线）
- 指定镜像线的第一点：（捕捉竖直中心线的上端点）
- 指定镜像线的第二点：（捕捉竖直中心线的下端点）
- 是否删除源对象？［是（Y）/否（N）］<N>：↙
- 命令：LA↙（将当前图层设置为"0"）
- 命令：XLINE↙（绘制俯视图中间的竖直辅助线）
- XLINE 指定点或［水平（H）/垂直（V）/角度（A）/二等分（B）/偏移（O）］：V↙
  - 指定通过点：（捕捉主视图中间 φ20 圆左边与水平中心线的交点）
  - 指定通过点：（捕捉主视图中键槽与 φ20 圆的交点）
  - 指定通过点：（捕捉主视图中键槽右端面与水平中心线的交点）
- 指定通过点：↙

- 命令：LA↙（将当前图层设置为"LKX"）

- 命令：✐（绘制俯视图中间孔与键槽的轮廓线）

- line 指定第一点：（捕捉最左边构造线与中间圆柱后端面的交点）

- 指定下一点或〔放弃（U）〕：（捕捉最左边构造线与中间圆柱前端面的交点）

- 指定下一点或〔放弃（U）〕：↙

- …（方法同前。分别绘制俯视图中剩余轮廓线）

- 命令：✐（删除辅助线）

- _ erase 选择对象：（选择所有辅助线）

- 找到 1 个，总计 3 个

- 命令：LEN↙（调整沉孔的中心线）

- 选择对象或〔增量（DE）／百分数（P）／全部（T）／动态（DY）〕：DY↙（选择动态调整）

- 选择要修改的对象或〔放弃（U）〕：（选择俯视图中竖直中心线）

- 指定新端点：（将所选中心线的端点调整到新的位置）

- 命令：LA↙（将当前图层设置为"PMX"）

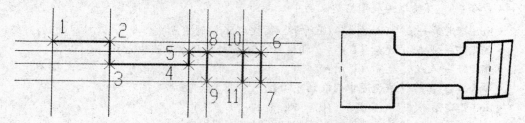

图 5-10　捕捉辅助线交点　　　　图 5-11　俯视图右边轮廓线

- 命令：BH↙（绘制俯视图中的剖面线。回车后，弹出"边界图案填充"对话框，将设置类型为"用户定义"，角度为"45"，间距为"2"，单击"拾取点"按钮，在图形中欲绘制剖面线的区域内单击鼠标左键，如图 5-12 所示。选择完成后，回车即可返回到对话框，此时单击"确定"按钮，即可绘制完成剖面线）

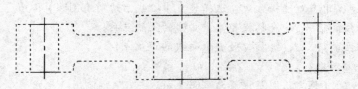

图 5-12　选择填充区域

4. 标注尺寸

将当前层设置为"BZ"，方法同前，标注曲柄零件图中的尺寸（图中的尺寸公差、形位公差及表面粗糙度等技术要求不必标注）。

5. 填写标题栏及技术要求

将当前层设置为"WZ"，方法同前，填写标题栏及技术要求。

6. 保存图形

● 命令：🖫

三、利用对象捕捉跟踪功能

利用 AutoCAD 提供的对象捕捉跟踪功能，同样可以保证零件图中视图的投影关系来绘制零件图。

例：利用对象捕捉追踪功能绘制轴承座零件图，如图 5 - 13 所示。

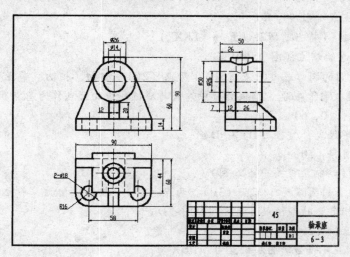

图 5 - 13　轴承座零件图

1. 使用创建的机械图样模板绘制轴承座零件图

● 命令：NEW↙（🗋新建图形文件命令。回车后弹出“创建新文件”对话框，单击其中的“样板”按钮，从“选择样板”列表框中选择前面建立的样板文件“A3 图纸—横放 . dwt”，单击“确定”按钮，此时，屏幕上将显示图框和标题栏，并完成了图层、字体及标注样式等所有设置。下面就可以在此基础上绘制图形了）

● 命令：SAVEAS↙（🖫，另存文件命令。回车后，弹出“图形另存为”对话框，在“保存在”后的下拉列表中选择要保存文件的路径，在“文件名”后输入文件名“轴承座零件图”，单击“保存”按钮，则以“轴承座零件图 . dwg”为文件名保存在指定路径中）

2. LKX 层设置为当前层，绘制主视图

● 命令：LA↙（将当前图层设置为“LKX”）

● 命令：✏（绘制主视图中轴承座底板轮廓线）

● line 指定第一点：（在图框适当处单击鼠标左键，确定底板左上点的位置）

● 指定下一点或［放弃（U）］：@0, -14↙

● 指定下一点或［放弃（U）］：@90, 0↙

● 指定下一点或［放弃（U）］：@0, 14↙

● 指定下一点或［放弃（U）］：C↙

● 命令：LA↙（将当前图层设置为“DHX”）

- 命令：／（绘制主视图中竖直中心线）
- line 指定第一点：＜对象捕捉开＞＜对象捕捉追踪开＞ ＜正交开＞（打开对象捕捉、对象追踪正交功能，捕捉绘制的底板下边的中点，并向下拖动鼠标，此时出现一条闪动的虚线，并且虚线上有一小叉随着光标的移动而移动，小叉即代表当前点的位置，在适当位置处单击鼠标左键，确定竖直中心线的下点）
- 指定下一点或 ［放弃（U）］：（向上拖动鼠标，在适当位置处单击鼠标左键，确定竖直中心线的上端点
- 指定下一点或 ［放弃（U）］：✓
- 命令：LA ✓（将当前图层设置为"LKX"）
- 命令：◯（绘制主视图中 φ50 圆）
- circle 指定圆的圆心或 ［三点（3P）／两点（2P）／相切、相切、半径（T）］：_ from 基点：（打开"捕捉自"功能，捕捉竖直中心线与底板底边的交点作为基点）
- ＜偏移＞：@0，60 ✓
- 指定圆的半径或 ［直径（D）］：D ✓
- 指定圆的直径：50 ✓
- 命令：✓（绘制主视图中 φ26 圆）
- circle 指定圆的圆心或 ［三点（3P）／两点（2P）／相切、相切、半径（T）］：（捕捉 φ50 圆的圆心）指定圆的半径或 ［直径（D）］：D ✓
- 指定圆的直径：26 ✓
- 命令：LA ✓（将当前图层设置为"DHX"）
- 命令：／（绘制 φ50 圆的水平中心线）
- line 指定第一点：（利用对象捕捉追踪功能捕捉 φ50 圆左端象限点，向左拖动鼠标到适当位置，单击鼠标左键）
- 指定下一点或 ［放弃（U）］：（向右拖动鼠标到适当位置，单击鼠标左键）
- 指定下一点或 ［放弃（U）］：✓
- 命令：LA ✓（将当前图层设置为"LKX"）
- 命令：／（绘制主视图中左边切线）
- line 指定第一点：（捕捉底板左上角点）
- 指定下一点或 ［放弃（U）］：＜正交关＞（捕捉 φ50 圆的切点）
- 指定下一点或 ［放弃（U）］：✓
- …（方法同上，绘制主视图中右边切线，当然也可以使用镜像命令对左边切线进行镜像操作）
- 命令：◻（偏移底板底边，绘制凸台的上边）
- _ offset 指定偏移距离或 ［通过（T）］ ＜通过＞：90 ✓
- 选择要偏移的对象或＜退出＞：（选择底板底边）
- 指定点以确定偏移所在一侧：（向上偏移）
- 选择要偏移的对象或＜退出＞：✓
- 命令：✓（偏移竖直中心线，绘制凸台 φ26 圆柱的左边）
- offset 指定偏移距离或 ［通过（T）］ ＜90.0000＞：13 ✓

- 选择要偏移的对象或 < 退出 >：（选择竖直中心线）
- 指定点以确定偏移所在一侧：（向左偏移）
- 选择要偏移的对象或 < 退出 >：↙
- …（方法同上，将偏移距离设置为"7"，继续向左偏移竖直中心线，绘制凸台 φ14 孔的左边）
- 命令：（连线）
- line 指定第一点：（捕捉左边竖直中心线与上边水平线的交点）
- 指定下一点或 ［放弃（U）］：< 正交开 >（捕捉左边竖直中心线与 φ50 圆的交点）
- 指定下一点或 ［放弃（U）］：↙
- 命令：LA ↙（将当前图层设置为"XX"）
- 命令：↙（方法同前，绘制凸台 φ14 孔的左边）
- 命令：↙（删除偏移的中心线）
- erase 选择对象：（选择偏移的中心线）
- 找到 1 个，总计 2 个
- 命令：↙（镜像所绘制的凸台轮廓线）
- mirror 选择对象：（选择绘制的凸台轮廓线）
- 找到 2 个
- 指定镜像线的第一点：（捕捉竖直中心线的上端点）
- 指定镜像线的第二点：（捕捉竖直中心线的下端点）
- 是否删除源对象？［是（Y）／否（N）］ < N >：↙
- 命令：↙（修剪凸台上边）
- trim 当前设置：投影 = UCS，边 = 无
- 选择剪切边
- 选择对象：（分别选择凸台 φ26 圆柱的左、右边）
- 找到 1 个，总计 2 个
- 选择对象：↙
- 选择要修剪的对象，按住 Shift 键选择要延伸的对象，或 ［投影（P）／边（E）／放弃（U）］：（选择凸台上边在所选对象外面的部分）
- 命令：↙（偏移竖直中心线，绘制底板左边孔的中心线）
- _ offset 指定偏移距离或 ［通过（T）］ < 通过 >：29 ↙
- 选择要偏移的对象或 < 退出 >：（选择竖直中心线）
- 指定点以确定偏移所在一侧：（向左偏移）
- 选择要偏移的对象或 < 退出 >：↙
- 命令：↙（偏移生成的竖直中心线，绘制底板上孔的轮廓线）
- offset 指定偏移距离或 ［通过（T）］ < 通过 >：9 ↙
- 选择要偏移的对象或 < 退出 >：（选择偏移生成的竖直中心线）
- 指定点以确定偏移所在一侧：（向左偏移）
- 选择要偏移的对象或 < 退出 >：／
- 命令：／（连线）

- line 指定第一点：（捕捉左边竖直中心线与底板上边的交点）
- 指定下一点或［放弃（U）］：（捕捉左边竖直中心线与底板下边的交点）
- 指定下一点或［放弃（U）］：↙
- 命令： ✐ （删除偏移的中心线）
- erdse 选择对象：（选择偏移的中心线）
- 找到 1 个，总计 1 个
- 命令：LEN ↙ （调整底板左边孔的中心线）
- 命令： ⚏ （镜像所绘制的底板左边孔的轮廓线）
- mirror 选择对象：（选择绘制的轮廓线）
- 找到 1 个
- 指定镜像线的第一点：（捕捉底板孔中心线的上端点）
- 指定镜像线的第二点：（捕捉底板孔中心线的下端点）
- 是否删除源对象？［是（Y）／否（N）］ <N>：↙
- … （方法同上，选择底板左边孔的轮廓线及中心线，镜像生成底板右边孔）
- 命令： ⚏ （偏移竖直中心线，绘制中间加强筋的左边）
- _ offset 指定偏移距离或［通过（T）］ <通过>：6↙
- 选择要偏移的对象或 <退出>：（选择竖直中心线）
- 指定点以确定偏移所在一侧：（向左偏移）
- 选择要偏移的对象或 <退出>：↙
- … （方法同前，将当前层设置为"LKX"，利用偏移的中心线绘制中间的加强筋）
- 命令： ⚏ （偏移底板上边，绘制加强筋中间的粗实线）
- _ offset 指定偏移距离或［通过（T）］ <通过>：20 ↙
- 选择要偏移的对象或 <退出>：（选择底板上边）
- 指定点以确定偏移所在一侧：（向上偏移）
- 选择要偏移的对象或 <退出>：↙
- 命令： ✄ （修剪偏移生成的线）
- … （至此，主视图绘制完成）

3. 绘制俯视图

命令： ✎ （绘制俯视图中底板轮廓线）

- line 指定第一点：（利用对象捕捉追踪功能，捕捉主视图中底板左下角点，向下拖动鼠标，在适当位置处单击鼠标左键，确定底板左上角点）
- 指定下一点或［放弃（U）］：（向右拖动鼠标，到主视图中底板右下角点处，在该点出现小叉，向下拖动鼠标，当小叉出现在两条闪动虚线的交点处时，如图5-14所示，单击鼠标左键，即可绘制出一条与主视图底板长对正的直线）
- 指定下一点或［放弃（U）］：@0，60↙
- 指定下一点或［放弃（U）］：（方法同前，向右拖动鼠标，指定底板左下角）
- 指定下一点或［放弃（U）］：C↙
- 命令：LA ↙ （将当前图层设置为"DHX"）
- 命令： ✎ （方法同前，绘制俯视图中竖直中心线）

- 命令：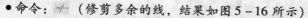（偏移俯视图中底板后边，绘制支承板前端面）

- _ offset 指定偏移距离或［通过（T）］＜通过＞：12 ✔

- 选择要偏移的对象或＜退出＞：（选择底板后边）

- 指定点以确定偏移所在一侧：（向下偏移）

- 选择要偏移的对象或＜退出＞：✔

- …（方法同上，利用偏移命令，生成俯视图中中间圆柱的前后端面）

- 命令：LA ✔（将当前图层设置为"LKX"）

- 命令：✎（方法同前，利用对象捕捉追踪功能，绘制俯视图中圆柱的轮廓线，注意孔的轮廓线为虚线，结果如图 5 – 15 所示）

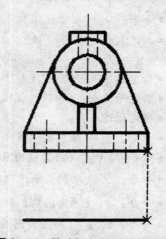

图 5 – 14　用对象追踪功能绘制底板

- 命令：✂（修剪多余的线，结果如图 5 – 16 所示）

- 命令：▱（绘制底板左边 R16 圆角）

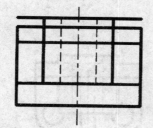

图 5 – 15　绘制的圆柱及支承板

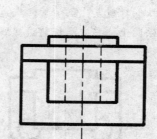

图 5 – 16　修剪圆柱结果

- Fillet 当前模式：模式 = 修剪，半径 = 4.0000

- 选择第一个对象或［多段线（P）/半径（R）/修剪（T）］：R ✔

- 指定圆角半径＜4.0000）：16 ✔

- 选择第一个对象或［多段线（P）/半径（R）/修剪（T）］：（选择底板左边）

- 选择第二个对象：（选择底板下边）

- …（方法同前，绘制右边 R16 圆角）

- 命令：◎（绘制俯视图中左边 φ18 圆）：_ circle

- 指定圆的圆心或［三点（3P）/两点（2P）/相切、相切、半径（T）］：（捕捉左边圆角的圆心）

- 指定圆的半径或［直径（D）］：D ✔

- 指定圆的直径：18 ✔

- …（方法同前，绘制右边 φ18 圆，或使用镜像命令）

- 命令：✂（修剪 φ18 圆）

- 命令：⟋（在主视图切点处绘制作图辅助线）
- 指定点或［水平（H）/垂直（V）/角度（A）/二等分（B）/偏移（O）］：V ⤶
（绘制竖直构造线）
- 指定通过点：（捕捉主视图中左边切点）
- 指定通过点：（捕捉主视图中右边切点）
- 指定通过点：⤶
- 命令：⟍（修剪支承板在辅助线中间的部分，结果如图5-17所示）
- 命令：LA ⤶（将当前图层设置为"XX"）
- 命令：⟋（绘制支承板中的虚线）
- 命令：⟋（方法同前，利用对象捕捉追踪功能，绘制俯视图中加强筋的虚线）
- 命令：LA ⤶（将当前图层设置为"LKX"）
- 命令：⟋（绘制俯视图中加强筋的粗实线，结果如图5-18所示）
- 命令：▢（打断命令）_ break 选择对象：（选择支承板前边虚线）
- 指定第二个打断点或［第一点（F）］：F ⤶
- 指定第一个打断点：（选择加强筋左边与支承板前边的交点）
- 指定第二个打断点：@
- …（方法同上，将支承板前边虚线在右边打断）

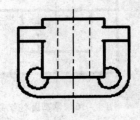 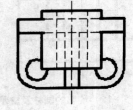

图5-17　修剪支承板结果　　　图5-18　俯视图中加强筋

- 命令：✛（移动打断的虚线）_ move 选择对象：（选择中间打断的虚线）
- 找到1个
- 选择对象：⤶
- 指定基点或位移：（捕捉中间虚线与竖直中心线的交点）
- 指定位移的第二点或＜用第一点作位移＞：@0，-26
- 命令：◎（绘制俯视图中间φ26圆）
- _ circle 指定圆的圆心或［三点（3P）/两点（2P）/相切、相切、半径（T）］：_ from 基点：（打开"捕捉自"功能，捕捉圆柱后边与中心线的交点）
- ＜偏移＞：@0，-26 ⤶
- 指定圆的半径或［直径（D）］＜9.0000＞：D ⤶
- 指定圆的直径＜18.0000＞：26 ⤶
- …（方法同上，捕捉φ26圆的圆心，绘制φ14圆）
- 命令：LA ⤶（将当前图层设置为"DHX"）

- 命令：✐（方法同前，绘制俯视图中圆的中心线）
- …（至此，俯视图绘制完成）

4. 绘制左视图

- 命令：LA↙（将当前图层设置为"LKX"）
- 命令：❀（复制绘制的俯视图）
- _ copy 选择对象：（用窗口选择方式，选择绘制的俯视图）
- 找到 35 个
- 选择对象：↙
- 指定基点或位移，或者 ［重复（M）］：（指定基点）
- 指定位移的第二点或＜用第一点作位移＞：（向右拖动鼠标，在适当位置处单击，确定复制的位置）
- 命令：↻（旋转复制的俯视图）
- _ rotate UCS 当前的正角方向：ANGDIR = 逆时针，ANGBASE = 0
- 选择对象：（用窗口选择方式，选择复制的俯视图）
- 找到 1 个，总计 35 个
- 选择对象：↙
- 指定基点：（捕捉 $\phi 26$ 圆的圆心作为旋转的基点）
- 指定旋转角度或 ［参照（R）］：90↙（结果如图 5 - 19 所示）

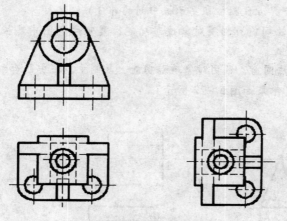

图 5 - 19　复制并旋转俯视图

- 命令：✐（绘制左视图中底板。方法同前，利用对象追踪功能，如图 5 - 20 所示，先将光标移动到主视图中"1"点处，然后移动到复制并旋转的俯视图中"2"点处，向上移动光标到两条闪动的虚线的交点"3"处，单击鼠标左键，即确定左视图中底板的位置，同理，接着绘制完成底板的其他图线）

- 命令：✛（移动旋转的俯视图中的圆柱）
- _ move 选择对象：（分别选择 $\phi 50$ 圆柱及 $\phi 26$ 圆柱的内外轮廓线和中心线）
- 找到 1 个，总计 9 个
- 选择对象：↙
- 指定基点或位移：（如图 5 - 21 所示，捕捉圆柱左边与中心线的交点"1"）

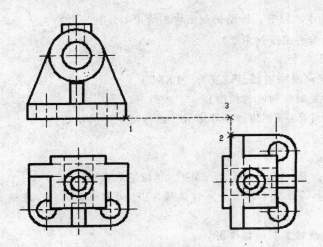

图5-20　用对象追踪功能绘制左视图

● 指定位移的第二点或＜用第一点作位移＞：（首先拖动鼠标向上移动，利用对象追踪功能，如图5-21所示，将光标移动到主视图中水平中心线的右端点"2"，拖动鼠标向右移动，在交点处单击鼠标左键）

● 命令：╱（方法同前，绘制左视图中支承板及加强筋，并补全φ50圆柱上边）

● 命令：╪（修剪φ50圆柱在支承板中间的部分）

● 命令：❀（方法同前，利用对象追踪功能，复制主视图中底板上的圆柱孔到左视图中）

● 命令：❀（方法同前，利用对象追踪功能，复制主视图中凸台到左视图中）

● 命令：╪⋯（结果如图5-22所示）

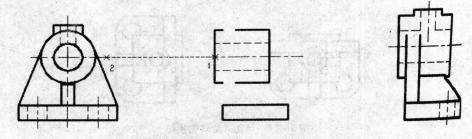

图5-21　移动圆柱　　　　　　　　　图5-22　修剪凸台及圆柱

● 命令：⌒（绘制左视图中相贯线）

● _ arc 指定圆弧的起点或 ［圆心（C）］：（捕捉凸台φ26圆柱左边与φ50圆柱上边的交点）

● 指定圆弧的第二个点或 ［圆心（C）／端点（E）］：E✓

● 指定圆弧的端点：（捕捉凸台φ26圆柱右边与φ50圆柱上边的交点）

● 指定圆弧的圆心或 ［角度（A）／方向（D）／半径（R）］：R✓

● 指定圆弧的半径：25✓

- 命令：LA ↙（将当前图层设置为 "XX"）
- 命令：（方法同前，绘制剩余的相贯线）
- 命令：（删除复制的俯视图）

至此，轴承座三视图绘制完毕，如果三个视图的位置不理想，可以用移动命令 MOVE 对其进行移动，但仍要保证它们之间的投影关系。

5. 标注尺寸

将当前层设置为 "BZ"，方法同前，标注轴承座零件图中的尺寸。

6. 填写标题栏

将当前层设置为 "WZ"，方法同前，填写标题栏。

7. 保存图形

命令：

项目三　零件图中的技术要求

一、表面粗糙度

我国《机械制图》国家标准规定了 9 种表面粗糙度的符号，如图 5－23 所示。由于在 AutoCAD 中没有提供表面粗糙度符号，因此可以采用以下两种方法来创建表面粗糙度符号。

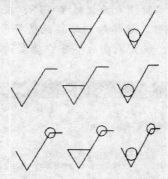

图 5－23　表面粗糙度符号

下面以常用的表面粗糙度符号 为例，介绍创建表面粗糙度符号的过程。

1. 绘制表面粗糙度符号

- 命令：（新建一个图形文件）
- 命令：
- line 指定第一点：（在屏幕上任一点单击鼠标左键）
- 指定下一点或 ［放弃（U）］：@16 < 240 ↙
- 指定下一点或 ［放弃（U）］：@8 < 120 ↙
- 指定下一点或 ［闭合（C）／放弃（U）］：@8 < 0 ↙

● 指定下一点或 ［闭合（C）／放弃（u）］：

2. 定义表面粗糙度符号的属性

● 命令：ATTDEF↙（定义属性命令。回车后，如图5－24所示，设置弹出的"属性定义"对话框，在"插入点"区域中单击"拾取点"按钮，捕捉绘制的粗糙度符号中水平线的中点，设置完后，单击"确定"按钮，则如图5－25所示）

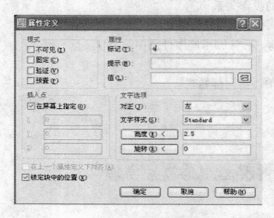

图5－24　设置"属性定义"对话框　　　　图5－25　定义属性的表面粗糙度符号

3. 创建表面粗糙度图块

● 命令：WBLOCK↙（保存块命令。回车后，弹出如图5－26所示的"写块"对话框，在"文件名"输入栏中输入图块名称"表面粗糙度－1"，在"位置"输入栏中输入图块的存储路径，单击"选择对象"按钮，选择绘制的粗糙度符号及其属性值，单击"拾取点"按钮，捕捉粗糙度符号的最低点，设置完成后单击"确定"按钮，则创建了一个带有属性的表面粗糙度图块）

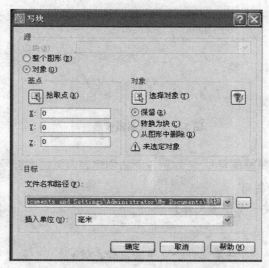

图5－26　设置"写块"对话

　方法同前，可以分别创建其他表面粗糙度符号。

二、尺寸公差

零件图中有许多尺寸需要标注尺寸公差，如果在设置尺寸标注样式时，在"标注样式管理器"中的"公差"选项卡中设置了公差尺寸，则所有尺寸标注数字均将被加上相同的偏差数值，因此在创建模板文件时，标注样式中的公差样式为"无"。因此为了标注出带公差的尺寸，下面以前面绘制的法兰盘零件图为例，介绍标注尺寸公差的方法。

1. 标注时直接输入

- 命令：DIMLINEAR↙（口 标注带尺寸公差的线性尺寸"φ70"）
- 指定第一条尺寸界线原点或＜选择对象＞：（捕捉标注尺寸"φ70"的一个端点）
- 指定第二条尺寸界线原点：（捕捉标注尺寸"φ70"的另一个端点）
- 创建了无关联的标注。指定尺寸线位置或［多行文字（M）/文字（T）/角度（A）/水平（H）/垂直（V）/旋转（R）］：M↙（修改尺寸标注文字，此时弹出"多行文字编辑器"，输入"％％C7096（−0.01^−0.029）"，然后选中"−0.01^−0.029"，单击"堆叠"按钮 ，单击"确定"按钮，即可）
- 指定尺寸线位置或［多行文字（M）/文字（T）/角度（A）/水平（H）/垂直（V）/旋转（R）］：（指定尺寸线位置）
- 标注文字＝70

> **修改尺寸**
>
> 在修改尺寸标注文字时，也可以输入选项"T"，系统提示："输入标注文字＜70＞："，
>
> 此时输入"％％C0g6（｜\ H0.6x：\ S−0.01^−0.029：｜）"，其中"H0.6x"表示公差字高比例系数为0.6，需要注意的是："x"为小写。
>
> 由于这种方法标注出来的尺寸为非关联尺寸，不便于以后对尺寸进行编辑修改，因此一般不使用该方法进行尺寸公差标注。

2. 使用替代命令 DIMOVERRIDE

- 命令：OPEN/（ ，打开已有图形文件命令。回车后，弹出"选择文件"对话框，从中选择保存的"法兰盘 . dwg"文件，单击"打开"按钮，或双击该文件名，即可将该文件打开）
- 命令：DIMOVERRIDE↙（标注替代命令。或选择"标注"→"替代"，用于标注"φ70"轴径偏差）
- 输入要替代的标注变量名或［清除替代（C）］：DIMTOL↙（更改用于控制偏差的系统变量 DIMTOL 的值）
- 输入标注变量的新值＜关＞：1↙（打开偏差输入）
- 输入要替代的标注变量名：DIMTDEC↙（修改偏差精度）
- 输入标注变量的新值＜2＞：3↙（精确到小数点后第三位）
- 输入要替代的标注变量名：DIMTFAC↙（修改偏差文字高度比例系数）
- 输入标注变量的新值＜1.0000＞：0.7↙（高度比例系数为"0.7"）

- 输入要替代的标注变量名：DIMTP ↙（更改上偏差值）
- 输入标注变量的新值<0.0000> −0.01 ↙（输入上偏差值为"−0.01"）
- 输入要替代的标注变量名：DIMTM ↙（更改下偏差值）
- 输入标注变量的新值<0.0000>：0.029 ↙（输入下偏差值为"−0.029"。需要注意的是，下偏差默认值为负数，如需要标注正数，则只需在数值前加一个负号"−"即可，例如输入"−0.003"，则显示为"+0.003"）
- 输入要替代的标注变量名：↙
- 选择对象：（选择新的标注样式应用的对象，即选择标注的线性尺寸"φ70"）
- 找到 1 个
- 选择对象：↙（结束公差标注，但是标注的结果与期望的并不一样，因此需要对其进行编辑修改）
- 命令：EXPLODE ↙（分解命令，将标注的尺寸分解）
- 选择对象：（选择标注的带公差的尺寸）
- 找到 1 个
- 选择对象：↙
- 命令：MTEDIT ↙（编辑多行文字命令）
- 选择多行文字对象：（选择分解的"φ70"尺寸，在弹出的"多行文字编辑器"中，按图中标注的文字对其进行修改，单击"确定"按钮，即可完成标注）

3. 使用修改尺寸标注样式命令DDIM（或DIMSTYLE）及标注更新命令

- 命令：DDIM ↙（修改标注样式命令。也可以使用设置标注样式命令DIMSTYLE，或选择"标注"→"样式"，用于标注"φ42"孔偏差。在弹出的"标注样式管理器"的样式列表中选择"机械制图"样式，单击"替代"按钮，系统弹出"替代当前样式"对话框，单击"主单位"选项卡，将"线性标注"选项区中的"精度"值设置为"0.000"：单击"公差"选项卡，在"公差格式"选项区中，将"方式"设置为"极限偏差"，设置"上偏差"为"0.025"，下偏差为"0"，高度比例为"0.7"，设置完成后单击"确定"按钮）
- 命令：单击"标注"工具栏中的"标注更新"图标
- 当前标注样式：机械制图
- 当前标注替代：

DIMDEC 3

DIMTDEC 3

DIMTFAC 0.7000

DIMTOL 开

DIMTP 0.0250

- 输入标注样式选项［保存（S）/恢复（R）/状态（ST）/变量（V）/应用（A）/?］<恢复>：_ apply
- 选择对象：（选择标注的线性尺寸"φ42"）
- 选择对象：↙

（方法同前，对所标注的尺寸"φ42"进行编辑修改）

三、形位公差

零件图中形位公差的标注可以采用两种方法进行，用引线标注命令 QLEADER 或开发专门标注形位公差的应用程序。下面以前面绘制的法兰盘零件图为例，介绍如何用引线标注命令 QLEADER 标注形位公差。

●命令：OPEN ↙（ ，打开已有图形文件命令。回车后，弹出"选择文件"对话框，从中选择保存的"法兰盘.dwg"文件，单击"打开"按钮，或双击该文件名，即可将该文件打开）

●命令：QLEADER ↙（ ，快速引线标注命令）

●指定第一个引线点或［设置（S）］＜设置＞：↙（回车，如图5－27、图5－28所示，设置"引线标注设置"对话框）

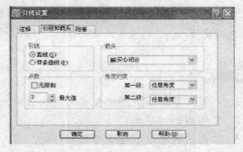

图5－27　设置"注释"选项卡　　　　**图5－28　设置"引线和箭头"选项卡**

●指定第一个引线点或［设置（S）］＜设置＞：＜正交开＞＜对象捕捉开＞（捕捉"φ55"尺寸线的上端点）

●指定下一点：（向上拖动鼠标，在适当处单击鼠标左键，确定引出线上的一点）

●指定下一点：（向右拖动鼠标，在适当处单击鼠标左键，确定引出线上的一点）

●指定下一点：↙（此时弹出"形位公差"对话框，如图5－29所示，对其进行设置，单击"确定"按钮，则完成形位公差标注）

（由于采用"SZ"字体标注形位公差，所以形位公差符号显示为"◎"，因此应修改其文字样式）

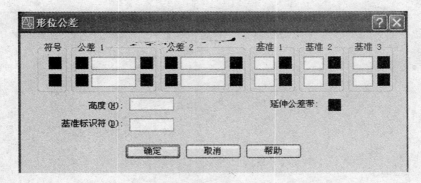

图5－29　"形位公差"对话框

- 命令：DIMOVERRIDE ↙
- 输入要替代的标注变量名或［清除替代（C）］：DIMTXSTY ↙（更改用于控制字体的系统变量 DIMTXSTY 的值）
- 输入标注变量的新值＜SZ＞：standard ↙（输入新的字体名称）
- 输入要替代的标注变量名：↙
- 选择对象：（选择标注的形位公差）
- 找到 1 个
- 选择对象：↙

（方法同上，标注"φ140"轴段右端面的形位公差）

- 命令：✎（标注"φ140"轴段左端面的形位公差，需要先用细实线绘制一条直线段）
- 指定第一个引线点或［设置（S）］＜设置＞：（指定引出线的第一点）
- 指定下一点：（向右拖动鼠标，捕捉右端形位公差引线的交点）
- 指定下一点：↙（此时弹出"形位公差"对话框，单击"取消"按钮，则完成标注）

✎ 每章一练

1. 一张完整的零件图都包含哪些内容？
2. 零件图如何分类？
3. 零件图的绘制方法有哪些？

AutoCAD 三维建模简介

本章简要介绍了三维建模的种类，以及 AutoCAD 在三维建模方面的指令。

1. 了解三维建模的指令。
2. 掌握用 AutoCAD 进行三级建模的方法。

* * * * * * * * * * *

项目一　三维模型的种类

物体模型分为三种类型：线框模型、表面模型和实体模型，如图 6−1 所示。这三种模型分别由不同的造型系统生成。有些计算机造型系统可以产生其中的 2 种或 3 种不同的模型。

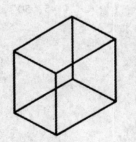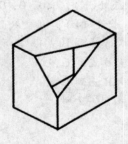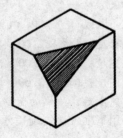

图 6−1　物体模型
(a) 线框模型；(b) 表面模型；(c) 实体模型

1. 线框建模

三维实体仅通过顶点和棱边来描述形体的几何形状。其特点是数据结构简单，信息量少，占用的内存空间小，对操作的响应速度快，通过对投影变换可以快速地生成三视图，生成任意视点和方向的视图和轴侧图，并能保证各视图正确的投影关系。

2. 表面（曲面）建模

能过对物体各个表面或曲面进行描述的一种三维建模方法。其特点是表面模型增加了面、边的拓扑关系，因而可以进行消隐处理，剖面图的生成，渲染，求交计算，数控刀具轨迹的生成，有限元网格划分等作业。但表面模型仍缺少体的信息以及体、面间的拓扑关系，无法区分面的哪一侧是体内或体外，不能进行物性计算和分析。

3. 实体建模

不仅描述了实体全部的几何信息，而且定义了所有的点、线、面、体的拓扑信息。其特点是可对实体信息进行全面完整的描述，能够实现消隐，剖切，有限元分析，数控加工，对实体着色，光照及纹处理，外形计算等各种处理和操作。

AutoCAD 具有强大的三维绘图、编辑功能，本章将介绍 AutoCAD 三维实体建模的方法。

项目二 基本体素的生成

所有的物体，无论复杂或者简单，都是由一些简单基本几何形体组合而成的。基本形体一般包括长方体、球体、圆柱体、圆锥体、圆环体等。实体造型就是首先生成这些基本体素，然后通过拼合或者减去得到最终的物体模型。下面介绍 AutoCAD 基本体素的生成方法。

一、Box（长方体）命令

Box 命令用于生成实体基本体素——长方体。该命令可以给出长方体主对角线上两个对角点的坐标来定义长方体。如果已知长、宽、高，那么确定长方体角点或中心位置后，输入长、宽、高的数据也可以来定义长方体。另外，在命令提示符中选取相应的选项可以生成一个正方体。一般情况下，长方体的基本平面平行于当前的 *UCS* 的 *XY* 面，棱边分别平行于对应坐标轴。生成长方体的操作程序：

- 命令：box
- 指定长方体的角点或 ［中心点（CE）］ <0, 0, 0>：（输入 "4, 5, 50"，即 A 点）
- 指定角点或 ［立方体（C）/长度（L）］：（输入 L，指定长度）
- 指定长度：（输入 2.00，即从 A 点到 B 点）
- 指定宽度：（输入 2.00，即从 B 点到 C 点）
- 指定高度：（输入 3.00，即从 B 点到 D 点）
- 操作完成后，绘制的图形如图 10 - 2 所示。

也可采用下列方法绘制长方体：

- 命令：box
- 指定长方体的角点或 ［中心点（CE）］ <0, 0, 0>：（输入长方体底面的一个角点 A）
- 指定角点或 ［立方体（C）/长度（L）］：（输入长方体底面的另外一个角点 C）
- 指定高度：（输入 BD 高度）

通过上述操作，也可生成如图 6 - 2 所示的长方体。其他基本形体生成过程与长方体类似，下面只简单介绍，不再列出操作程序。

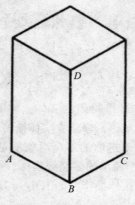

图 6-2　长方体

二、Cone（圆锥）命令

Cone 以圆或椭圆为底面，按指定的高度值生成圆锥体或椭圆锥体。按照命令行的提示，依次输入圆锥底面圆圆心、底面圆半径、圆锥高度，即可生成圆锥体；依次输入椭圆底面一条轴第一个端点、第二个端点、另一条轴的长度、椭圆高度，即可生成椭圆锥体。一般锥体的基本平面平行于当前的 *UCS* 的 *XY* 面，但也可以定义新的基面。

三、Wedge（楔形体）命令

楔形体可以看成是沿长方体棱面对角切去一半得到的一种基本体素，如图 6-3 所示。可以通过输入楔形体长、宽、高 3 个参数或输入底面两对角点坐标和体高度生成楔形体。

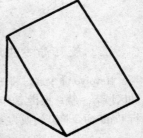

图 6-3　楔形体

四、Cylinder（圆柱体）命令

Cylinder 命令与 Cone 命令非常类似。该命令用于生成圆柱体或者椭圆柱体，柱体的基面平行于当前 *UCS* 的 *XY* 平面，中心轴平行于当前 *UCS* 的 *Z* 轴。按照命令行的提示，依次输入底面圆心坐标、底面圆半径、柱体高度，生成圆柱体。椭圆柱体的生成类似于圆柱体。

五、Sphere（球体）命令

执行 Sphere 命令，可以按用户输入的半径值或者直径值生成球体。

六、Torus（圆环体）命令

圆环体可以由半径法或直径法得到。如果使用半径法，就需要确定管半径与圆环体半径的值。环半径是指从环中心到管中心的距离。同理，如果使用直径法，就必须确定管直径和环直径。

项目三　物体三维建模

一、拉伸命令生成实体

Extrude（拉伸命令）通过拉伸二维封闭的实体，如圆、椭圆、闭合的样条曲线和多义线、多边形、矩形、环等面域和区域等，来建立实体模型。选定拉伸对象后，系统提示用户输入拉伸高度以及拉伸锥度角。如果选取的多个对象不是多义线，那么用户可以使用 Pedit（多义线编辑）命令将其转换为一个简单的多义线实体，或者在执行拉伸操作之前，把这些拉伸对象放进一个区域中，再执行拉伸操作，如图6-4所示。

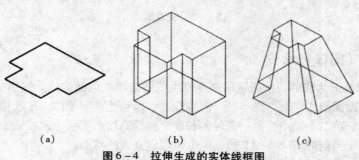

（a）　　　　　　　　　（b）　　　　　　　　　（c）

图6-4　拉伸生成的实体线框图

（a）封闭多段线；（b）垂直拉伸；（c）锥度拉伸

二、旋转命令生成实体

Revolve 命令通过将二维封闭对象，包括圆、椭圆、样条曲线、多义线、多边形、矩形、环和区域等，绕一根指定的轴线旋转来生成一个实体模型。对于一组彼此独立的二维对象，可以执行 Pedit 命令将其转换为多义线实体，图6-5为一封闭多段线绕 AB 边旋转生成的实体模型。

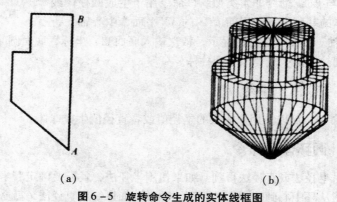

（a）　　　　　　　　　　　　　（b）

图6-5　旋转命令生成的实体线框图

（a）封闭的多段线；（b）旋转后生成的实体

三、运用布尔运算进行物体造型设计

1. 布尔运算

布尔运算是一种关系描述系统，可以用于说明把两个或者多个基本体素合并为统一实体时，各组成部分之间的构成关系。在 AutoCAD 中，布尔运算至少应在两个基本体素、区域或者实体之间进行。下拉菜单"修改"的"实体编辑"选项中，以命令项的形式提供了三种基本的布尔运算。系统具有的三项布尔运算为：并（Union）、差（Subtract）、交（Intersect）。其中并运算可以将两个或者多个实体对象合并为一个新实体，如图 6-6 所示；差运算用于从一个实体中减去另外一个或多个实体对象；交运算则是保留两个或者多个实体的重叠公共部分。

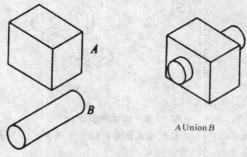

A Union B

图 6-6　布尔运算

2. 造型设计步骤

图 6-7 中的实体对象由四个部分组成，如图 6-8 所示。

- 执行长方体（Box）命令，生成长方体基本体素，如图 6-9（a）所示。

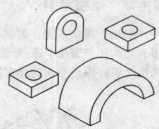

图 6-7　实体　　　　图 6-8　实体的形体分解

- 实体拉伸操作，生成体素，如图 6-9（b）所示。

- 执行布尔的差（Subtract）运算，从三个体素中减去圆柱基本体素，生成圆孔，如图 6-9（c）所示。

- 如图 6-9（d）所示，执行布尔的并（Union）运算，将实体的四个部分合并为一体。造型设计后的实体如图 6-7 所示。

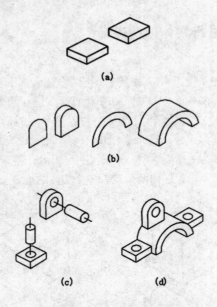

图6-9 实体造型设计

（a）长方体；（b）拉伸生成体素；（c）差运算；（d）并运算

项目四 三维建模示例

一、叉架类零件建模示例

叉架类零件一般用于操纵系统，如拨叉、连杆、脚踏杆等。其形体由于受空间限制，以弯曲、歪斜为多，结构比较复杂，三维造型的具体方法和步骤应根据零件的实际结构来确定。图6-10为拨叉零件图，下面建立它的三维实体模型。

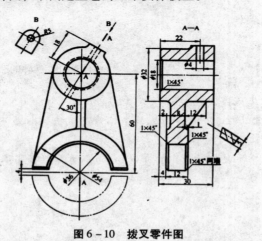

图6-10 拨叉零件图

建模过程如下：

1. 制圆筒并倒角

●将视图方向改为"左视（L）"，输入圆"CIRCLE"命令，画同心圆 φ18 和 φ32，并将两个同心圆分别拉伸"EXTRUDE"成高度为 30，倾斜角为 0°的同心圆柱。

●输入差集"SUBTRACT"命令，从大圆柱中挖去小圆柱。

●输入倒角"CHAMFER"命令，模式为"修剪"，倒角距离设为 1，选择圆筒左端面内表面棱边作倒角，如图 6-11 所示。

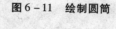

图 6-11　绘制圆筒

2. 绘制半圆筒并倒角

根据零件图所示，在距离圆筒圆心正下方 60 处画外径为 φ54，内径为 φ36 半圆环，使用编辑多段线"PEDIT"命令中的"合并（J）"选项，将组成半圆环的各边连成一条闭合的多段线。

3. 并倒角

●输入拉伸"EXTRUDE"命令，将所画的半圆环拉伸成高度为 12，倾斜角度为 0°的半圆筒。

●输入倒角"CHAMFER"命令，模式为"修剪"，倒角距离设为 1，选择半圆筒左右两个端面的内棱边作倒角。

●将视图方向改为"主视（F）"，捕捉半圆筒左端面圆心，以上面圆筒的左端面为基准，使之向右移动 4，如图 6-12 所示。

4. 绘制梯形支板

●将视图方向改为"左视（L）"，按图 6-10 中主视图画梯形支板的轮廓，用编辑多段线"PEDIT"命令中的"合并（J）"选项，将其各边连成一条闭合的多段线。

●输入拉伸"EXTRUDE"命令，将所画多段线拉伸成高度为 8，倾斜角度为 0°的梯形支板。将视图方向改为"西南等轴测（S）"，根据图 6-10 将梯形支板移动"MOVE"到适当位置，如图 6-13 所示。

图 6-12　绘制半圆筒并倒角

5. 绘制三角形肋板

●将视图方向改为"左视（L）"，按图 6-10 中主视图画三角形肋板的轮廓，用编辑多段线"PEDIT"命令中的"合并（J）"选项，将其各边连成一条闭合的多段线。

●输入拉伸"EXTRUDE"命令，将所画多段线拉伸成高度为 12，倾斜角度为 0°的肋板。

●输入剖切"SLICE"命令，按图 6-10 中左视图画的三角形肋板的形状，剖切拉伸的实体，保留左上角一侧的图形，得到三角形肋板，根据图 6-10 将其移动"MOVE"到适当位置，如图 6-14 所示。

6. 绘制 B 向凸台

●将视图方向改为"俯视（T）"，按图 6-10 中 B 向视图画凸台的轮廓，用编辑多段线"PEDIT"命令中的"合并（J）"选项，将其各边连成一条闭合的多段线。

●输入拉伸"EXTRUDE"命令，将所画多段线拉伸成高度为 4，倾斜角度为 0°的凸台。

●输入三维旋转"ROTATE3D"命令，以圆筒的回转轴线为旋转轴，将凸台旋转 30°，根据图 6-10 将其移动"MOVE"到适当位置，将视图方向改为"西南等轴测（S）"，如图 6-15 所示。

图6-13　绘制梯形支板　　　　图6-14　绘制三角形肋板

7. 绘制 $\phi4\times34$ 圆柱孔

- 将视图方向改为"俯视（T）"，绘制 $\phi4\times34$ 圆柱体。
- 输入三维旋转"ROTATE3D"命令，以圆筒的回转轴为旋转轴，将 $\phi4\times34$ 圆柱体旋转30°。
- 输入移动"MOVE"命令，以 $\phi4\times34$ 圆柱体的上端面为基点，凸台圆心为目标点，移动 $\phi4\times34$ 圆柱体与凸台上端面平齐。
- 输入差集"SUBTRACT"命令，从圆筒和B向凸台中减去 $\phi4\times34$ 圆柱，如图6-16所示。

图6-15　绘制B向凸台　　　　图6-16　绘制 $\phi4\times34$ 圆柱孔

8. 合并实体及倒圆角

输入并集"UNION"命令，合并圆筒、梯形支板、三角形肋板和半圆筒为一体。输入倒圆角"FILLET"命令，模式为"修剪"，半径为2，分别选择B向凸台与圆筒，梯形支板与圆筒、三角形肋板、半圆筒相交的边倒圆角，完成拨叉三维造型，渲染效果如图6-17所示。

二、实体局部剖三维建模

根据图6-18创建实体局部剖三维模型。

- 创建物体模型。
- 应用样条曲线命令绘制一个封闭的线框，拉伸封闭线框，创建一个实体，该实体具有波浪形表面。使该实体与将要剖去的物体模型的局部重合，如图6-19（a）所示。
- 差运算后，获得局部剖实体模型，如图6-19（b）所示。

图6-17　拨叉渲染效果　　　　图6-18　局部剖视图

（a）　　　　　　　　（b）

图6-19　局部剖三维建模

1. 三维模型有哪几类?

2. AutoCAD 基本体素的生成方法有哪几类?

3. 简述叉架类零件的建模过程。

图形输出

本章主要介绍图形输出环境的规划，模型空间、布局及视口的应用，图形输出的技巧等内容。

掌握图形输出的基本操作和方法。

＊ ＊ ＊ ＊ ＊ ＊ ＊ ＊ ＊ ＊

项目一　图形输出环境的规划

图形输出包括以下几个方面的内容：选择打印机、设定图纸、设定图形输出范围、设定图形输出比例、设定笔宽等。

一、设置打印机

1. 在"打印和发布"中设置输出环境

在选择打印机前，先检查是否有打印机。在"工具"下拉菜单中点击"选项"命令，弹出如图 7-1 所示的"选项"对话框，打开"打印和发布"选项卡。

●在默认输出设备中选择一台打印机，如图 7-1 所示。

●在基本打印选项中，选择"使用打印设备的图纸尺寸"，如图 7-1 所示。这表示打印时将配合图形打印设备的纸张尺寸，例如 A3 打印机，最大图形输出范围就是420mm×297mm。

●打印质量选择"高质量图形（例如照片）"，如图 7-1 所示。

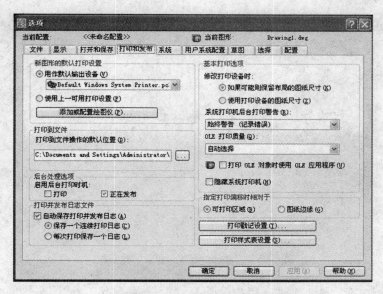

图7－1　"选项"对话框中的"打印和发布"选项卡

2. 在"绘图仪管理器"中设置输出环境

利用 AutoCAD 的绘图仪管理器，可对打印机作最佳的设置。

●点击"文件"下拉菜单中的"绘图仪管理器"命令，弹出"Plotters"窗口，如图7－2所示。

图7－2　"Plotters"窗口

●双击"添加绘图仪向导"选项，弹出"添加绘图仪向导"。图7－3是"添加绘图仪简介"选项框，"添加绘图仪－简介"中的 PCP 或 PC2 文件输入配置信息是指 2006 以前版本的图形输出配置信息，现在将配置一台新的，所以不用管它，直接按"下一步"。

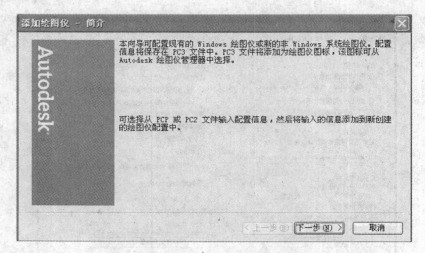

图7-3 "添加绘图仪—简介"选项框

● 点击"下一步"后，弹出"添加绘图仪-开始"选项框，如图7-4所示。如果设置的不是网络绘图仪，只有"我的电脑"和"系统打印机"可以选择，这时选择"系统打印机"，然后点击"下一步"。

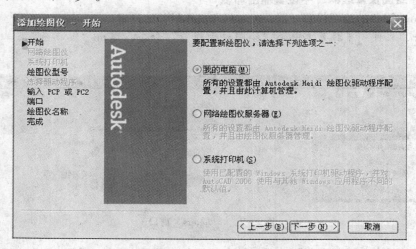

图7-4 "添加图仪-开始"选项框

● 弹出"添加绘图仪-系统打印机"选项框选一台打印机，再按"下一步"，如图7-5所示。

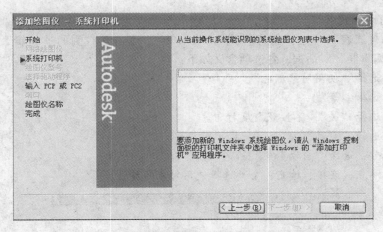

图7-5 "添加绘图仪系统打印机"选项框

● 弹出"添加绘图仪－输入 PCP 或 PC2"选项框，不用输入 PCP 或 PC2 页面设置文件，直接按"下一步"。

● 弹出"添加绘图仪－绘图仪名称"选项框。绘图机名称用计算机系统自选的机型，按"下一步"。

● 弹出"添加绘图仪－完成"选项框，有两个选项"编辑绘图仪配置"和"校准绘图仪"。点击"编辑绘图仪配置"，弹出"绘图仪配置编辑器"选项框，选项框中有三个标签，分别是"基本"、"端口"和"设备与文档设置"，打开"设备与文档设置"。在"设备与文档设置"的目录中，点击"自定义特性"选项，可进行打印机的属性设置。

● 以 hp1020 打印机为例，设置打印机属性。点击"自定义特性"选项，弹出打印机"属性"对话框。

打印机"属性"设置对话框在"纸张/质量"属性中，图纸"尺寸"选择 A4；纸张"来源"选"自动选择"；若用打印纸打印图形，"类型"可选择普通纸。

在"效果"属性中，根据情况，适当选择"A4"或"正常尺寸的百分比"。

在"完成"属性中，可选择双面打印、每张打印页数，还可以设置打印质量。由于技术图样的质量要求较高，所以应尽可能选择高质量打印，如 hp1020 的打印质量可选 600dp。

在"基本"属性中，设置打印份数、打印方向和打印旋转方向，多份数可选择自动分页。

完成设置后，单击"确定"，返回"绘图仪配置编辑器"，点击"输入"按钮，输入配置的各设置选项。

返回"添加绘图仪－完成"，点击"校准绘图仪"选项，对绘图仪进行校准。

在"校准绘图仪－完成"中，完成校准绘图仪。

至此，新增了一台由 AutoCAD 规划的新打印机。完成打印机规划后，再由"文件"下拉菜单中的"打印"命令，来设定图形的打印设置。

二、规划打印样式

执行"打印"命令后，弹出"打印"对话框，如图7-6所示。

1. 设置打印样式

在"打印样式表"中选择打印样式"acad.ctb"。点击其右侧的"编辑"按钮，弹出"打印样式表编辑器"对话框，各选项含义如下：

- 颜色：选择"使用对象颜色"。
- 抖动：选择"开"。
- 灰度：选择"关"，不按照灰度打印。
- 笔号：选择"自动"。
- 虚拟笔号：选择"自动"。
- 线宽、端点、连接、填充：全部选择使用对象的特性。

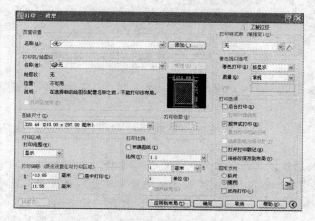

图 7 - 6   "打印"对话框

2. 选择打印机

打印机：选择连接的打印机，例如 hp1020。

设置图纸尺寸：图纸尺寸选择 A4，如图 7 - 6 所示。

选择打印范围：打印范围有四个选项，如图 7 - 7 所示。

- 窗口，打印指定图形的任何部分。单击"窗口"按钮，使用定点设备指定打印区域的对或输入坐标值。

- 范围，即打印包含对象的部分当前空间。当前空间内的所有几何图形都将被打印，打印之，可能会重新生成图形以重新计算范围。

- 显示，即打印"模型"选项卡中当前视口中的视图或布局选项卡中的当前图纸空间视图。

- 布局或界限，即打印布局时，将打印指定图纸尺寸的可打印区域内的所有内容，其原点从布局中的（0，0）点计算得出；打印"模型"选项卡时，将打印栅格界限所定义的整个绘图区域。如果当前视口不显示平面视图，该选项与"范围"选项效果相同。

3. 设置打印位置

打印偏移，即打印的图形在图纸上的位置，一般选择"居中"。

4. 设置打印比例

打印比例，如图 7 - 8 所示，有两种选项：一是可点击选择"布满图纸"，即打印的图形布满图纸；二是指定比例，指定打印图形（毫米）与绘制图形（绘图单位）之比，例如，如果选择的比例是1：1，那么绘制图形的1个绘图单位等于打印图形的1mm。

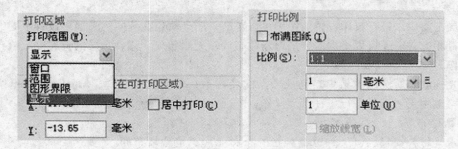

图7-7　"打印区域"设置区　　　　图7-8　"打印比例"设置区

5. 打印方向

如图7-9所示，有三个选项：纵向打印、横向打印、反向打印。

通过上述设置，可以"预览"将要打印图形的样式了。如果满意预览的结果，便可点击"确定"按钮，直接打印图形了。

图7-9　"打印方向"选项

项目二　模型空间、布局、视口

一、模型空间、布局

在模型空间中，用户既可以创建二维图形对象，也可以创建三维图形对象。用户的大多数绘图和设计工作是在模型空间中完成的（本书介绍的各个绘图实例均是在模型空间中绘制的）。

当绘制三维图形时，模型空间有其特有的优越性：用户可以建立 UCS（用户坐标系）；可以建各种形式的三维模型；可以通过改变观察视点的方式从不同的方向观看三维模型；还可以对表面模型、实体模型进行消隐、渲染等操作。

布局是增强的图纸空间。利用布局，可以组织图纸的输出：可以在布局中创建不同大小、不同形状、不同位置的多个浮动视口，而在这些视口中又可以显示在模型空间所创建图形对象在不同位置、不同投影方向的投影。因此，通过布局输出图形，可以在一张图纸上得到多个视图。此外，利用布局，还可以方便地进行打印设置。

AutoCAD 提供了绘图空间选项卡控制栏，在控制栏中，有一个"模型"卡和两个"布局"卡，"模型"卡用于向模型空间切换，"布局"卡用于向布局切换。用户可以根据需要创建多个"布局"卡。可以对同一图形对象在不同的布局中设置不同的显示内容和不同的打印方式，而各布局之间互不影响。

二、布局管理

布局主要用来进行打印设置。用户可以对同一图形对象在不同的布局中设置不同的显示内容和打印方式。还可以根据需要进行新建布局、复制布局、移动布局的位置以及给布局更名等操作。

将光标放到所选定的某一布局选项卡的名称上，单击鼠标右键，AutoCAD 弹出快捷菜单。此菜单用于对布局进行各种管理操作，下面介绍菜单项的功能。

1. 新建布局

插入（I）→布局（L）→来自样板的布局（T），创建新布局。

2. 来自样板

根据样板文件创建布局。选择该菜单项，AutoCAD 弹出"从文件选择样板"对话框，如图 7-10 所示。通过对话框确定样板文件后，单击"打开"按钮，AutoCAD 基于样板文件创建新布局，且此布局中含有文件中的图形内容与设置。

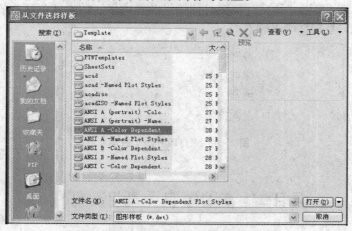

图 7-10 "从文件选择样板"对话框

3. 删除

删除布局。选择此菜单项，AutoCAD 给出提示信息。单击"确定"按钮，删除选定的布局，单击"取消"按钮，取消删除操作。

4. 重命名

给布局更名。选择此菜单项，AutoCAD 弹出如图 7-11 所示的"重命名布局"对话框。在"名称"编辑框中输入新名字，单击"确定"按钮，即可实现更名。

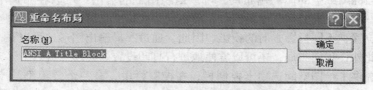

图 7-11 "重命名布局"对话框

5. 移动或复制

在绘图空间选项卡控制栏上调整已有布局选项卡的位置，或复制所选的布局选项卡。选择此菜单项，AutoCAD 弹出如图 7-12 所示的"移动或复制"对话框。

图 7-12 "移动或复制"对话框

用户可以通过"在布局前"列表框确定当前所操作布局选项卡要移动或复制到的位置，即确定是将其放到选定的某一布局的前面（从"在布局前"列表框中选择"移动到结尾"）。"创建副本"复选框则用于确定是复制还是移动布局选项卡。选中复选框复制，否则移动。设置布局选项卡的新位置是通过复制或移动方式后，单击确定按钮，即可完成复制或移动。

6. 选择所有布局

选中全部的布局选项卡，同时对它们进行有关的设置。

7. 页面设置管理器

打印设置，如设置打印设备、图纸尺寸等。选择此菜单项，AutoCAD 弹出相应的对话框，如图 7-13 所示，显示了页面设置的有关信息。若需要修改，点击"修改"按钮，弹出"页面设置"对话框，如图 7-14 所示，在对话框中可以进行打印页面的设置。

8. 打印

打印图形。选择此菜单项，AutoCAD 弹出"打印"对话框，可进行设置和打印。

三、视口

在模型空间，创建的视口称为平铺视口。在布局中，创建的视口称为浮动视口。平铺视口与浮动视口的区别是：前者将绘图区域分成若干个大小和位置固定的视口，彼此之间相邻，但不能重叠；而在浮动视口中，用户可以改变视口的大小与位置，且这些视口可以相互重叠。

1. 在模型空间创建平铺窗口

设置绘图空间为模型空间，在命令行中输入 Vports 命令，弹出如图 7-15 所示的"视口"对话框。在对话框中，创建视口。如创建四个相等的平铺窗口，在"标准视口"选项区，选择"四个：相等"选项，在预览区可以看到四个平铺的视口，激活某一视口后，在"修改视图"复选框中，定义该视口中的视图，一般按照视图的配置位置定义，如图 7-15 所示。点击"确定"，在模型空间创建了四个视口，如图 7-15 所示。

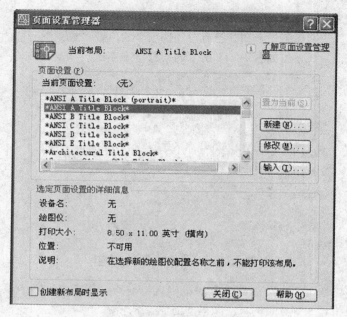

图 7-13　页面设置管理器

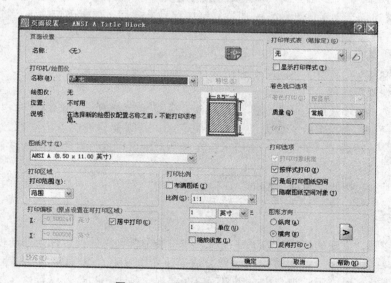

图 7-14　"页面设置"对话框

2. 在布局中创建矩形浮动视口 在布局中创建矩形浮动视口的方法为：

● 命令：vports

● 指定视口的角点或开（ON）/关（OFF）/布满（F）/着色打印（S）/锁定（L）/对象（O）/多边形（P）/恢复（R）/2/3/4]＜布满＞：（输入4）

● 指定第一个角点或［布满（F）］＜布满＞：（直接回车，四个视口布满打印区，即布局边界与表示页边距的虚线框相重合。如果在绘图区指定一点，即执行指定视口的角点）

● 指定对角点（指定视口的另一个角点，在两角点确定的矩形区域内创建了四个视口）

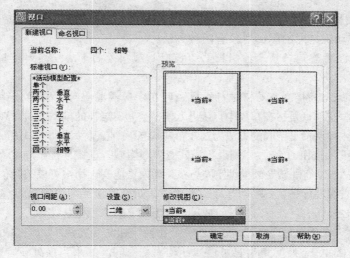

图 7－15　"视口"对话框

3. 在布局中创建非矩形边框

在布局中，可以将在布局中绘制的任意闭合的多段线、圆、椭圆、样条曲线、面域等对象转换为浮动窗口，也可以通过指定视口边界的各顶点位置创建多边形浮动视口。

（1）将封闭对象转换为浮动窗口

点击"视图"下拉菜单"视口"项中的"对象"，AutoCAD 提示：

● 选择要剪切视口的对象：（选择在布局中绘制的封闭对象，即可创建出相应的视口，且 AutoCAD 将相应的视口显示在视口中）

（2）通过指定视口边界的各顶点位置创建多边形浮动窗口

点击"视图"下拉菜单"视口"项中的"多边形视口"，AutoCAD 提示：

● 指定起点：（在布局中，确定多边形视口的起点）

● 指定下一个点或［圆弧（A）／长度（L）／放弃（U）］：（响应此提示，绘制表示视口的多边形，可得到相应的视口）

4. 浮动视口的特点

在布局中创建的多视口称为浮动视口，浮动视口具有以下特点。

● 各视口可以改变位置，也可以相互重叠。

● 创建浮动视口后，AutoCAD 创建表示视口边界的方框线，且该视口边界位于当前层，其颜色采用当前层的颜色，但线型总为实线。可以通过冻结视口边界所在图层的方式不显示或不打印视口边界。

● 可以对视口进行移动、复制、缩放和删除等编辑操作。当进行这些编辑操作时，视口边界是操作对象，即在"选择对象："提示下，应选择视口边界作为编辑对象。

● 光标不受视口的影响，即光标在各视口中移动时，均显示为十字光标。

● 在布局中，可以添加注释等图形对象。

● 可以在各视口中冻结或解冻不同的图层，以在指定的视口中隐藏或显示相应的图形、尺寸标注等对象。

● 可以创建各种形状的视口，如圆形视口、多边形视口等。

● 在布局中，可以切换到浮动模型空间，以进行改变视图的显示比例等操作。

5. 浮动模型空间

编辑位于浮动视口内的图形对象有两种方法：

● 通过打开绘图空间选项卡控制栏上"模型"选项卡的方法切换到模型空间进行编辑，编辑后再切换到布局。

● 另一种方法是直接在布局中进行编辑，即在浮动模型空间中编辑。

所谓浮动模型空间，是指在布局中直接进入模型空间，这样的模型空间称为浮动模型空间。

在布局中进入浮动模型空间的方法为：在布局状态下，在某一浮动视口内双击鼠标，或单击状态栏上的"图纸"按钮，此时，"图纸"模式变为"模型"模式，在布局中将各视口以模型空间模式显示，即从图纸空间转换到模型空间。在浮动模型空间，用户可以编辑位于视口内的已有图形对象，如对它们进行删除、移动、旋转等操作。如果要将浮动模型空间模式切换到图纸空间，在视口边界之外任一点处双击鼠标，或单击状态栏上的"模型"按钮。

状态栏上的"图纸"、"模型"按钮是一个切换按钮，在布局中，当前处于图纸空间时，该按钮显示为"图纸"，此时单击它可进入浮动模型空间。如果当前处于浮动模型空间，按钮又显示为"模型"，单击它则可进入图纸空间。

每章一练

1. 图形输出部分包含哪些内容？

2. 如何理解空间、布局、视口这几个概念？